面向海洋环境的无人机与无人船联合作业路径规划研究

郭兴海　那　琪　著

哈尔滨工程大学出版社
Harbin Engineering University Press

内 容 简 介

本书针对复杂动态的海洋环境,提出了无人船与无人机联合作业的方法,建立相应的作业决策与协同控制方程,并结合有效的算法求解。全书共7章,主要阐述了海上无人系统联合作业的现状与局限性,无人机与无人船联合作业的基本方法,以及针对已知动态和未知动态海上目标的无人系统联合作业方法与技术展现。

本书可供物流管理与交通运输规划领域的工作人员及高等院校相关专业的师生使用,同时对其他领域的无人系统作业研究与工程实践也具有一定的参考价值。

图书在版编目(CIP)数据

面向海洋环境的无人机与无人船联合作业路径规划研究 / 郭兴海,那琪著. —哈尔滨 : 哈尔滨工程大学出版社,2023.11

ISBN 978-7-5661-4072-2

Ⅰ. ①面… Ⅱ. ①郭… ②那… Ⅲ. ①海洋工程-作业管理-研究 Ⅳ. ①P75

中国国家版本馆 CIP 数据核字(2023)第 147462 号

面向海洋环境的无人机与无人船联合作业路径规划研究
MIANXIANG HAIYANG HUANJING DE WURENJI YU WURENCHUAN LIANHE ZUOYE LUJING GUIHUA YANJIU

选题策划	王晓西
责任编辑	张志雯
封面设计	李海波

出版发行	哈尔滨工程大学出版社
社　　址	哈尔滨市南岗区南通大街 145 号
邮政编码	150001
发行电话	0451-82519328
传　　真	0451-82519699
经　　销	新华书店
印　　刷	哈尔滨午阳印刷有限公司
开　　本	787 mm×1092 mm 1/16
印　　张	7.5
字　　数	184 千字
版　　次	2023 年 11 月第 1 版
印　　次	2023 年 11 月第 1 次印刷
定　　价	36.00 元

http://www.hrbeupress.com
E-mail:heupress@ hrbeu.edu.cn

前　　言

在海洋作业中,无人船能够执行救援、投放、探测、巡逻等任务,但受搜索视野与反应速度的限制,无人船的工作效率不高。为弥补这一不足,同时也为在相应的资源和时间约束下,降低总运营成本,加入无人机来与无人船共同完成海上作业。无人机具有飞行速度快、搜索能力强、机动性好等优点,在海洋上空能够完成目标搜索、目标跟踪、决策设计等任务,它的使用极大提高了任务完成的便利性与准确性,同时也使运筹优化理论与控制理论在新的领域得到融合。本书对空海协作下的无人机与无人船联合完成海上作业的路径规划进行研究,具体内容总结如下:

(1)针对完成任务点方向已知、坐标未知的简单海上作业问题,为提高工作效率,以路径距离、平滑度、能耗等为约束,建立单目标无人机组路径规划模型与非线性多目标无人船编队路径规划模型,并设计了两种启发式算法求解。仿真结果表明:获得的联合作业路径方案具有路径距离短、安全性高、灵活性强等特点,能够使联合载体迅速、准确地完成任务。同时,提出的改进算法计算时间短、求解精度高,具有较好的理论与现实意义。

(2)针对完成多个目标任务点已知的海上作业问题,为降低执行成本,考虑了任务点分布、载体负载能力、时间限制等约束,建立无人机与无人船联合作业路径优化模型,并利用改进的粒子群优化算法求解,获得完成联合作业的任务分配与路径规划方案。同时,建立了无人船航向角与路径的最优导航控制模型,使其以时间最短的方式航行。所得的计算结果验证了模型与算法的有效性。

(3)针对完成多个目标任务点未知的海上作业问题,为降低任务执行时间,考虑了任务需求、负载能力、路径距离等约束,建立了无人船编队的路径优化模型,并利用改进的粒子群优化算法求解,获得完成方位已知与任务点未知的无人船编队全局路径方案。此外,结合海面信息与动力学约束,设计了两任务点间的无人船路径规划模型来躲避障碍物。数值算例表明:提出的模型与算法是有效的,能够快速地获得时间短与成本低的全局路径方案,以及无人船在两任务点间的避碰路径。

(4)针对完成动态目标任务点的海上作业问题,为提升作业的准确性与降低成本,建立了无人机的动态目标跟踪与轨迹预测模型,以及无人船编队任务计划模型,并利用改进的粒子群优化算法求解,获得完成动态海上作业的任务分配规则与路径导航方案。试验计算结果表明:模型和算法是有效的,无人机能够准确地预测动态目标运动轨迹,并且无人船编队获得了成本低的任务路径方案。

本书为哈尔滨工程大学学科建设支持项目,主要读者为物流管理与交通运输规划领域的工作人员以及高等院校相关专业的师生。

该专著由黑龙省自然科学基金（LH2022G003）与国家博士后面上项目第 73 批（2023M730835）资助。研究成果可以向海洋作业管理部门进行推广，为无人载运工具的使用与控制提供决策及技术支持。

著　者

2023 年 3 月

目　　录

第1章 绪 论

1.1 研究背景与意义

1.1.1 研究背景

海上活动日益增多,海上资源调配成为海事管理工作的重要组成部分。合理的海上资源调配为海上作业提供了有力保障。尤其在海上应急物流工作中,无人船扮演着重要角色。无人船能够运载一定数量的物资到达指定目标点,实现了海上作业无人化与智能化,使海上作业完成得更高效、更准确,降低用工成本与作业时间[1-2]。

然而,由于海面洋流情况实时变化,且受搜索视野与速度的限制,因此尽管无人船在完成任务上具有较好的执行能力,但对海上目标点的搜索与定位却越发显得不足,并且当任务点较多时,只能依靠增加无人船的数量来扩大搜索范围,导致作业成本增加,也增大了管理难度[3]。利用无人机与无人船联合完成海上作业,可弥补无人船搜索能力弱与定位不准确的不足。无人机在空中的视野广阔,并且具有体积小、操控性强、速度快等优势,可完成多种类型的搜索与侦查工作,还能携带少量物资[4-5]。此外,无人机的使用成本低于无人船,无人船与无人机的联合作业能够有效降低海上任务执行成本,并提升工作效率。无人机与无人船的合作框架如图 1.1 所示。

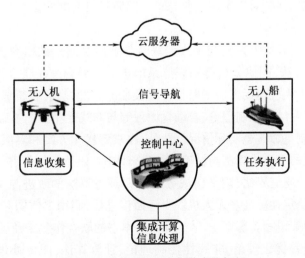

图 1.1 无人机与无人船的合作框架

现阶段对无人机与无人船联合作业的研究较少,基本是从协同控制层进行设计与技术突破的[6-10],很少对运营层与控制层以相互结合的方式进行研究。对于无人机与无人船运营层面的研究是宏观状态下的运筹理论规划,而对控制层的研究是要确保无人机与无人船能够按照理论规划进行实际操作,并按照设置规则完成任务。例如,获得的运行路径是否满足轨迹跟踪特点与载体运动约束是必须要考虑的,这样才符合实际要求。在本书的研究中,不仅对无人机与无人船海上作业进行系统建模与运筹优化,还从非线性控制理论的角度对无人机与无人船的运动轨迹进行设计与验证,使二者高效地完成海上作业,降低执行成本与缩短时间。

此外,现阶段海上作业种类繁多,对不同类型海上作业进行划分,并对不同类型海上作业制定优化决策方案的研究较少。以海上资源调配为例,将物资运送到指定海域中的某目标点,该目标点可分为静态下的已知目标点与未知目标点,以及动态的未知目标点。在目标点已知情况下可直接制定调配方案,然而在目标点未知情况下要对目标进行搜索,再制定调配方案。在动态目标情况下,对目标点不仅要进行搜索,还要进行跟踪与实时定位,同时制定调配方案。不同状态下的目标任务点所涉及的运筹优化模型与无人载体的控制方法也是不同的,这导致求解算法也会因为模型特点而改变,需要设计出相匹配的求解算法来适应目标函数模型。无人机与无人船联合作业运筹模型多数是单目标形式的函数模型,无人载体路径规划模型与控制模型一般是非线性数值方程或多目标数学模型。

综上所述,现阶段对海上作业分类研究较少,对海上作业在运营层面与控制层面同时进行无人载体联合作业路径规划研究也较少。基于此背景,本书针对不同类型海上作业设计了不同的优化模型与控制方法,以及相应的求解算法,以获得无人机与无人船联合作业路径规划方案,使其高效地完成海上作业。

1.1.2 研究意义

海洋环境中的无人机与无人船可共同执行货物补给、目标搜寻、联合投递、搜寻救助、中继通信等任务[11-18]。异构无人载体联合作业能够使这些任务完成得更加迅速与准确,并降低作业成本与缩短时间,对于民用工业与军事国防都具有非常重要的理论意义与现实意义,具体内容总结如下:

第一,理论意义。针对无人机与无人船联合作业路径规划的研究,促进了运筹优化方法、控制理论、智能算法、图像分析等知识体系的进一步融合。在联合作业研究中,不仅需要运筹理论来优化无人机与无人船的路径方案及任务分配规则,获得成本低、时间短、效率高的合作方案,还需要结合控制理论、自动化原理等与非线性相关的基础知识[19],使无人机与无人船的运动控制更加符合实际情况。此外,在求解优化方案和对载体稳定性进行控制时,会结合多种类型的启发式算法与精确算法进行求解,如量子粒子群优化算法、粒子群优化算法、遗传算法、分支定界法、割平面法等[14-15]。通过算法的改进与相互融合,使求解速度更快、质量更好、稳定性更高。无人机获得海面信息后,利用二值图和灰度图的方式进行图像处理,生成海面障碍物轮廓标记[9,20]。因此,本书的联合作业路径规划研究是一个系统性研究,它融合了运筹优化理论、非线性控制理论、计算算法、图像处理等多方面的技术。通过这些技术与方法的使用,能够使联合作业路径规划的计算结果更加符合实际要求,解决实际问题中的不足,促使海上任务完成得更加准确、成本更低,并且促进了学科之间的交叉,使理论研究更加深入。

第二,现实意义。无人机在速度和视野上的优势明显好于无人船,无人船在续航和负载能力上优于无人机。针对无人机与无人船联合作业路径规划的研究,弥补了单架无人机或单艘无人船在执行任务上功能的不足。在国防军事方面,无人机与无人船的联合作业可以在海上预防、目标拦截、协同作战、能源开采、通信中继等特殊任务中提供强力技术支持与决策参考,使任务执行得更加准确,从而加强国防建设[21-28]。在民用工业领域中,无人机与无人船的联合作业路径规划能够为海洋测绘、海上救援、海洋产业管理等活动提供便利条件,使任务执行速度更快、成本更低,减少人员与载体在海上工作的时间,降低遇到海难事故的风险,打造智慧化的海洋管理理念[29-32]。此外,海上联合作业路径规划问题的提出与方法应用,能够引起一些研究人员的注意,未来将会有更多的资源与精力投向该领域,该领域会获得丰厚的科研成果,促进科技进步与海洋事业发展,无论是对于国防事业,还是对于民用工业,都具有非常好的现实意义。

随着产业调整与技术升级,无人机与无人船的使用成本以规模经济的方式递减,对无人系统联合作业的理论进行的实践也会不断增多。除了海事管理外的其他行业也在利用无人载体完成各种任务,这也推动了无人技术的不断更新与应用延伸。因此,针对无人机与无人船联合作业路径规划的研究,无论是在海洋作业方面,还是在其他作业领域,都具有非常好的理论意义与现实意义。

1.2　国内外研究现状

1.2.1　无人机与无人船联合作业研究综述

海洋环境中无人机与无人船联合作业内容主要有目标搜索、物资调配、设施打捞、作海上救援等。无人机具有较好的搜索与跟踪能力,以及较快的飞行与反应速度,但无人机的负载与续航能力不如无人船;无人船可以执行打捞与能源补给工作,而无人机却不行。因此,利用无人机与无人船的优势互补,可以使任务完成得效率更高、更准确。无人载体联合执行任务的文献主要有:Chen 等[5]给出了无人机与无人车辆联合对目标进行跟踪。首先,无人机可以精确定位地面目标,以弥补无人车传感器捕捉能力弱的不足,而这种不足是受运动速度和高度限制的。其次,无人机的运行环境中存在较少外界干扰,因此可以看作是持续的通信中继,能够确保目标不丢失。在运输或作战任务中,无人车具有比无人机更大的有效载荷能力和更长的航程表现。因此,将无人机与无人车的合作方式运用到海洋环境中,也会产生很好的效果。Murphy 等[6]将无人机与无人船的异构无人系统应用于海上救援和清除海洋污染上,使任务执行得更加快速和准确,充分发挥了智能体各自的优势。Ramirez 等[7]利用无人机的高速搜索与识别能力,以及救援无人船的计算机能力和负载能力,提出了一种海上事故遇难人员救援协调系统,能够快速地锁定需要被营救的遇难人员的位置并进行营救。Yang 等[8]基于群组移动计算算法,提出了无人机和无人船海上搜索与救援合作方法,使救援任务的工作效率得到进一步提升,提高海难人员生存概率。Jung等[9]为了提高工作效率,提出了一种去除水华的异构无人载体协作系统,利用无人机对发生水华区域进行图像检测,由无人船携带工具负责去除水华。Faria等[10]将无人机和无人水下舰艇进行联合任务部署,用于水下探测,以获得更多的水下资料。在一些联合任务中,由于异构系统无人载体在不同的场介质中工作,因此其中的一个无人载体完成任务后,它们很可能无法再相互通信,导致联合任务不能持续对接下去。为应对通信中断的约束,Sujit等[11]提出了三种联合任务的交互策略,即周期协调、最短路径协调、概率协调,其目标是最大限度地扩大探测区域,同时最小化无人机和无人水下舰艇的空闲时间,并比较分析了每种策略的优缺点。另一个典型的异构系统且带有持续通信的组合由参考文献[12]提出——无人水下舰艇与无人船组合用于灾害评估和海上救援任务,根据任务数量进行连续作业,相互确认完成所有任务后共同返回。Wu[13]提出了无人机与无人水下舰艇合作的方法,用于目标跟踪与打击任务,利用无人机完成搜索后,潜入水下与无人水下舰艇完成信息交换,同时预测目标的大致位置,由无人水下舰艇完成打击任务。之后,Wu等[14]又提出了无人水下舰艇–无人船–无人机三者协同优化系统,用于目标跟踪与打击任务,由无人船在水面负责通信中继,将无人机收集的信息及时地与无人水下舰艇共享,使打击任务更快速、更准确地完成。

在无人设备的控制方面,Pearson等[15]研究了无人船将携带的无人水下舰艇发射并回收,对二者的航向进行协调与控制,确保两无人载体都在给定的路径上航行,减小控制偏差。Vasilijevic等[16]利用无人船与无人水下舰艇协同制导来进行海水采样和环境监测。Hong等[17]利用无人水面载具与无人水下载具获取实时海洋勘探信息,并设计了二者全向探测与最大覆盖范围模型,获得二者的导航路径。Zhang等[18]开发出无人机与无人船的联合作业系统,用于洪涝灾害情况下的救援行动,可快速地找到救援目标并施救打捞,降低生命与财产损失。Zhang等[19]对多种异构无人机和水面舰艇系统的编队进行控制,用于水面的目标跟踪与作战任务。Vasilijevic等[20]用无人机与无人船来检测水中溢油量,根据无人机的可视化界面,用无人船进行采样,并设计了二者的路径规划。晏洋[21]提出了无人机与无人船在中国太湖水域搜救应急应用方案,并对协作任务的可能性进行分析。Ozkan等[22]研究了洪水泛滥的城市环境中无人船的路径规划,通过使用无人机从被洪水淹没的环境中获取航空影像,得到全局信息,如受害者和地标的位置等。通过使用此全局信息,他们设计出无人船的路径,提升了救援速度与工作效率。Koo等[23]提出了使用无人机与无人船对水母进行分配与识别的管理系统,用以保护水体环境的健康,使其可持续发展。Murphy等[24]设计了威尔玛飓风环境中的无人船和微型无人机进行协同检查的路径,用以评估现场的损失。Marques等[25]利用无人机与无人船来搜索和救援海上沉船的幸存者,设计了二者联合协作的方法与路径规划。Sollesnes等[26]使用无人机部署任务,与微型无人船组成自主海洋观测系统,联合设计二者的路径,使任务完成得更加准确。Zhang等[27]研究了海上无人机与无人船平台发射和回收的路径与编队控制,使探测与作战任务中的路径控制更加准确。Liu等[28]基于流体动力学特征和导航误差建立路径导航模型,利用WDRLA*算法获得无人船安全深度路径规划。Ross等[29]用无人机与无人船联合识别浮动目标,如无响应船、冰山等其他浮动结构,获得多域(环境)意识。胡焕明等[30]开发出了"5G+无人机无人船"的工业互联网数据采集平台,为无人机与无人船联合巡检、航标状态监控、海洋测量等方面的应用提供技术指导与支持。颜瑞等[31]研究了考虑区域限制的卡车搭载无人机车辆路径问题,用于疫区、灾区进行应急配送时,道路毁坏或封锁、区域污染,导致部分路段车辆或无人机无法通行的情况,构建了区域限制条件下卡车搭载无人机车辆路径问题的混合整数线性规划模型,并规划了无人机与车辆联合作业的路径方案。Xia 等[32]提出了车机协同多区域覆盖侦察路径规划方法,用于军事作战,再结合 0-1 整数规划建模技术,建立了优化无人地面车行驶路径和无人机空中飞行扫描路径的数学优化模型,并设计了一种三阶段启发式算法,以快速求解车机路径规划方案。徐文菁[33]对非确定环境下无人机与无人车动态协同设计路径进行规划,利用空地协同系统可以很好地弥补无人机与无人车各自工作时的不足,将二者获取的数据进行融合,精准地实现构建地图与实时定位的功能,最终进行有效的路径规划。

综上所述,海洋环境中不同类型的无人载体联合使用,能够提升工作效率与任务完成的准确性。相比于同种类型的无人载体执行任务,不同类型的无人载体联合作业的操作更加灵活,反应更加迅速,收集的信息更多、更全面。今后,不同类型的无人载体联合作业优化问题的研究与应用将会愈加广泛。

1.2.2　无人机与无人船路径规划研究综述

1.无人机路径规划综述

本书中的无人机与无人船的路径规划是分别进行设计的。无人机的路径规划是在三维环境中进行的,而无人船的路径规划是在二维环境中实现的,二者考虑的因素与环境设置是不同的,主要参考文献如下:

在导航路径生成方面,Yu 等[34]考虑了飞行最短距离与最大转向角度的约束,设计出了用于灾害威胁下的无人机路径规划方法,并利用受约束的差分进化算法来求解,获得较为精确的飞行路径。Kim 等[35]考虑风场环境中,随着时间的推移,根据太阳光线在地表的分布情况,对依靠太阳能发电续航的无人机的飞行路径进行规划,将能量是否能够及时补充给无人机以及无人机的飞行续航能力作为路径生成的重要因素。Qu 等[36]将飞行路径最短作为约束,提出了改进的灰狼优化器算法,用于无人机的路径规划,并将生成的路径用三次 B 样条曲线进行拟合,确保无人机的路径曲率连续与飞行的稳定性。Liu 等[37]考虑了不同类型的无人机的运动约束与避障能力,设计了无人机编队以相同的时间到达同一目的地的路径规划模型与避碰模型,并利用改进的粒子群优化算法来求解。Zhang 等[38]考虑了飞行距离、安全性、飞行高度等因素,结合变向适应机制的混合编码果蝇优化算法求解,获得三维环境下的无人机路径规划方案,再利用 B 样条曲线处理算法给出曲率不连续的路径,使其成为平滑路径,确保无人机的飞行状态更加稳定。Dai 等[39]提出了一种新的具有质量意识和能效控制的无人机路径规划方法,建立了基于能耗约束与时间限制的混合整数规划模型,并结合改进的遗传算法来求解。Wu 等[40]利用飞行距离与高度作为路径约束,设计了线性组合形式的路径适应度函数模型,利用改进粒子群优化算法求解,再利用 RTS 平滑器处理算法给出路径,获得曲率连续且平滑的飞行导航路径。Huang 等[41]考虑路径最短、雷达干扰、导弹威胁以及环境等因素,对无人机进行路径规划,并将蚁群优化算法与 K 平滑因子结合,获得无人机的最优飞行路径。Chen 等[42]考虑了无人机的飞行路径距离、飞行高度、路径平滑三个约束,并将这三个约束量化加权,转化成求解最小成本的单目标数学模型,再利用中央力的粒子群优化算法求解无人机的飞行路径。Pehlivanoglu[43]考虑了无人机飞行路径距离最短的因素,提出了一种基于沃罗努瓦(Voronoi)图来分割三维飞行空间的方法,利用改进的遗传算法来求解飞行路径方案,实现了无人机的路径规划。Krishnan 等[44]提出了优化动态轨迹修正算法,用于无人机安全飞行避障的路径规划,并将粒子群优化算法与遗传算法相结合来求解路径规划与导航控制模型。Yue 等[45]在未知环境下,考虑了路径距离与能耗两个因素,提出了基于强化学习算法的多无人机路径搜索方法,使无人机快速地获得可行路径。Boulares 等[46]提出了一种新的基于回归预测物体轨迹的无人机路径规划算法,在不确定性和动态性海流运动中,对海面上的漂浮物体进行搜索,提出的算法能够快速获得理想的结果。张国印等[47]以无人机的飞行高度、最小航段长度、最大偏航角等为约束,建立了无人机路径规划模型,并利用改进的果蝇优化算法求解,结合 B 样条曲线拟合算法给出无人机路径。李晓辉等[48]提出了基于改进 A* 算法的无人机避障路径规划,找到任意两客户点间无人机避障飞行的最优路线,保证无人机在飞行过程中能够准确避开禁飞区。Zhou 等[49]基于导向强化 Q 学习算法对无人机进行路径规划,利用接收信号强度定义回报值,并通过 Q 学习算法不断优化路径,突破了飞行能耗和计算能力面临的瓶颈,获得了质量更好的路径解。

在结合实际的应用问题方面,杜楠楠等[50]针对农业覆盖问题对无人机进行路径规划,将总作业完成时间最短和总能量流动效率最高同时作为优化目标,通过建立双目标优化模型来获得无人机的路径方案,该路径方案可应用于不同形状的待覆盖区域,在工程方面的应用范围广、可操作性强。Fu 等[51]针对物联网数据收集的问题,对无人机路径进行智能规划,从全局路径最短以及局部的路径最短和方向角度最优的角度研究路径规划,所获得的路径规划结果能够在无人机能量约束下有效提升其数据收集质量与数量。Wang 等[52]对大型植保无人机航行的路径规划与路径跟踪控制进行研究,以航向保持和最小转弯半径为约束,避免出现植被遗漏或者重复作业现象,通过建立无人机的运动学模型,确保无人机飞行过程中的空间位置有效。许卫卫等[53]利用改进 A* 算法对物流无人机运输路径进行规划,在路径成本函数中引入栅格危险度,并添加飞行时间、距离、能源消耗等约束,同时采用动态加权法对估计函数的权值赋值,获得了危险度小、能耗少的避障运输路径。Song 等[54]对逆向物流的无人机路径规划策略进行研究,提出了一种融合拓展性 K-Means++算法和遗传算法的路径动态规划模型,实现了包含逆向物流的无人机调度策略,获得了效率更高的无人机运输方案。严炜等[55]为解决不规则区域内农用无人机植保作业问题,以农用无人机的总飞行距离和多余覆盖率为指标建立数学模型,将无人机的植保作业航向角作为优化目标,并考虑了有障碍物的情形,采用差分进化算法与量子模拟退火算法融合的方式对模型进行求解,获得的路径能够使无人机总的飞行距离、转弯路径、覆盖率都减小。Huang 等[56]对无人机交通管理中路径规划策略研究进行分析,提出了路径规划结合交通管理的特性,分别对单机飞行的路径预规划、多机协同飞行任务的路径规划以及协同策略的无人机动态避障路径规划三个方面进行整合分析与研究。黄小毛等[57]针对农用无人机在复杂边界田块下的作业问题,提出了一种对田块边界形状具有普适性的四旋翼无人机作业路径规划方法,以快速获得凸多边形、凹多边形、带孔洞多边形甚至多个多边形形式的复杂边界田块情形下的飞行作业轨迹。

阚平等[58]提出了多植保无人机协同路径规划,以各架植保无人机作业距离为寻优变量,确保各架无人机的补给时间满足间隔分布约束条件,综合考虑了补给总次数、返航补给总时间、总耗时和最小补给时间间隔,建立了目标成本最小目标函数,实现了多植保无人机编队协同作业,并提高了作业效率。Tao 等[59]基于贝叶斯网络算法,设计了无人机海上救援决策的路径规划模型,使救援任务的实施更加准确。Xu 等[60]针对视觉识别的无人机在运动型水面舰艇上自主着陆问题,设计了无人机的飞行路径规划方法与算法,保证其平稳着陆。Papic 等[61]利用无人机获得的地面站高分辨率图像进行路径规划,用于搜索和救援任务。Madridano 等[62]根据森林和城市消防紧急情况的特点,利用无人机群自动协调导航路径进行探测与救援。de Luis-Ruiz 等[63]利用无人机优化摄影飞行路径,以实现考古现场的度量虚拟化,确保考古现场地貌采样更加完善,减少勘测死角。Chang 等[64]为最大化灾害中的事件通信时间,根据能源感知约束,设计了多无人机路径调度和切换算法,获得了无人机在事故上空持续探测的路径方案。Wang 等[65]提出了一种基于可视平台的封闭式在线同时目标定位算法与无人机路径规划方法,可有效地减小目标定位的不确定性,获得精确的无人机飞行轨迹,实现了整个系统的可视化。Lu 等[66]提出了基于狼群算法的无人机群任务分配与路径规划方法。Liu 等[67]提出了基于遗传和同态方法的无人机群空中恢复协同路径规划方法,以高效率地执行"发射–恢复–重新发射"的操作模式。Li 等[68]提出了可变邻域搜索算法来求解物流无人机多目标调度问题,获得了无人机编队的配送路径。Zhu 等[69]给出了地震后快速评估现场的多无人机 Dubins 路径优化方法,使无人机组的路径分布区域更大,获得了更多的实况信息。Imam 等[70]提出了基于无人机的 GNSS-R 水检测路径规划方法,用以支持洪水监测。

2. 无人船路径规划综述

无人船的路径规划方法多数来源于陆地机器人或车辆的路径规划,其不同点主要体现在环境干扰与运动控制上。无人船的路径规划是从路径导航控制与实际问题应用的两个方面进行研究的,参考文献如下:

在导航路径生成方面,Wang 等[71]研究了复杂海洋环境下无人船的多层路径规划问题,考虑了海洋环境干扰、路径平滑、时间等因素,提出了自主防撞和校正规则,在无人船避免碰撞和复杂环境的适应性方面均取得了较好的效果。Mousazadeh 等[72]考虑了无人船航行路径距离与转向角度两个因素,并结合避碰规则,获得了无人船航行路径。Wang 等[73]根据最短路径距离的要求从全局和局部两个方面对无人船的路径进行了规划,并利用改进的粒子群优化算法完成求解。Niu 等[74]研究了时空环境变化下的无人船节能路径规划,将路径距离与能耗作为路径规划考虑的主要因素,并利用 Voronoi 图将航行空间分割,再利用 Dijkstra 算法搜索最短距离路径,最后使用遗传算法完成最终求解,获得了符合约束的无人船航行路径。Song 等[75]利用 A* 算法获得了无人船航行的平滑路径,减少了生成路径上的"锯齿",使航行路径更为连续与平滑。相比于其他路径规划求解算法,该算法的计算时间也在进一步缩短。Kim 等[76]考虑了海洋环境负荷,利用遗传算法获得了无人船的最短行驶时间的路径导航方案,使无人船在适应环境干扰的条件下到达设定的目的点。Yang 等[77]通过将无人船航行空间转换为二值图的方式来设置障碍物与航行空间,将无人船的转向能力作为主要考虑因素,并利用 A^* 算法求解,获得了航行的最安全和次优路径。Liu 等[78]根据任务约束与路径距离,结合自组织映射图算法,获得了无人船的航行路径。Shah 等[79]考虑了运营成本与欧氏距离的两个因素,并利用改进的 A^* 算法求解,不但减少了计算时间,而且不会显著地牺牲计算路径的最优性。

此外,在路径规划研究中,避碰方法及其路径生成也是众多海洋工程技术领域学者研究的重点与难点。避碰操作能够使无人船安全地绕过障碍物后继续航行,因此避碰方法也是路径规划的基础和前提。Xu 等[80]提出了在《1972 年国际海上避碰规则》(COLREG 规则)框架下进行深度强化学习的无人船智能防撞算法,使无人船对碰撞行为进行自主计算,迅速地获得躲避障碍物的理想轨迹。Li 等[81]使用场论来抽象地描述无人船的航行行为,从中推导出了更为简化的防撞优化模型,并获得了虚拟空间中的电场和速度的合成场,用于计算防止无人船与障碍物发生碰撞的导航路径。Liang 等[82]提出了改进的人工势场算法与分布式控制器结合计算的方法,用于无人船编队避免碰撞,使多个无人船以路径最短的方式躲避障碍物。Zhao 等[83]提出了一种符合 COLREG 规则的实时避碰算法,并将证据推理理论用于评估遇到障碍物的碰撞风险,提出了潜在的触发碰撞预警规则,开发出了较好的避免碰撞算法。Song 等[84]将船体运动状态约束与改进的人工势场算法相结合,提出了两级动态障碍物避碰算法来获得避碰路径,用于无人船在紧急与非紧急两种情况下的避碰行为。Zhang 等[85]通过结合 COLREG 规则与安全预测避障策略,提出了一种改进的动态虚拟船制导算法,用于无人船的避碰行为。Shen 等[86]提出了一种基于机器学习的深度强化算法,用于多无人船自主避碰行为,获得了避碰路径。Tang 等[87]提出了局部反应性避障算法,用以针对高速无人船的基本法向运动和基本运动控制特性来调整船体姿态并完成避碰操作。Yao 等[88]提出了一种基于偏向最小共识的方法,以较低的计算复杂度找到最优解,来解决无人船的路径规划问题。Guo 等[89]在拓展的旅行商问题(traveling salesman problem,TSP)模型中融合了路径、平滑度、安全性以及能耗等因素,并结合洋流干扰进行路径规划,利用改进的粒子群优化算法求解,获得了无人船导航路径。Villa 等[90]对双喷嘴式无人船基于直线视线算法的路径规划进行研究,并设计了避障架构,确保其稳定航行。Gu 等[91]对基于观察者的有限时间控制的欠驱动无人船避碰和保持连通性的分布式路径操纵进行研究,获得了有效的无人船避碰航行路径。Praczyk 等[92]通过对环境障碍物建模,获得了理论路径,再结合实际的海上情况,使用遗传算法修复了无人船的实际航行路径。Lebbad 等[93]基于贝叶斯算法和视觉感知系统,对无人船进行路径规划,使其安全躲避障碍物。Scott 等[94]研究了在可变海况下,利用无人船对其他载体自动加油,设计出无人船的航行路径方案与其跟踪控制方法。Singh 等[95]在动态海洋环境约束下,利用 Dijkstra 算法对无人船进行最优路径规划,获得了较短的航行路径,并缩短了计算时间。Wang 等[96]基于 COLREG 规则与转向机动性,设计了局部防撞算法,获得了无人船的无碰撞路径。Xie 等[97]提出了基于强化学习的多种无人船异步编队控制方法,获得了协同控制的编队路径。刘宪伟等[98]研究了关于无人船散装货物安全运输路径的问题,考虑了无人船控制技术、人员配备、货物管理、港口和环境安全等因素,设计了无人船的航行路径。Sun 等[99]根据路径距离与环境的安全性,提出了海洋环境中的无人船自动导航路径规划方法,获得了安全无碰撞的导航路径。

在实际应用中,吕扬民等[100]根据水质检测作业要求,对无人船进行路径规划,通过用Q 学习算法和神经网络对环境收集的数据进行训练以规划出无人船的路径,使无人船以效率较高的方式完成水质检测任务。Liu 等[101]对多个无人船完成巡航任务进行任务分配与路径规划研究,并利用自组织图和快速行进方法来求解,获得了高效率与无碰撞的无人船路径优化方案。Guo 等[102]在水下逃生目标未知情况下,根据最大化经验累积检测的概率模型对目标进行识别与跟踪,并利用改进遗传算法对无人船最优路径规划进行求解。Fan等[103]提出了一种用于执行目标拦截任务的多无人船路径规划方法,考虑了编队重构与任务分配两个阶段的完成情况,获得了无人船的可行路径。孙洪民等[104]提出了基于物联网技术的无人船水质检测系统与路径规划方法,围绕水质取样和环境特征,对无人船的作业进行分析,并获得了可行的采样路径。Pu 等[105]提出了用于“三池”油轮碰撞爆炸事故应急任务的无人船路径规划方法。郭红艳[106]根据船舶交通流大数据与地理信息系统,研究了无人船航线智能规划,利用人工智能(AI)数据分析算法,对路径规划资源进行最优量分析计算。Muhovic 等[107]使用三维(3D)点云方法使无人船对目标进行跟踪,并进行路径规划,通过将平面拟合到点云来估计水面状态,查找潜在障碍物,获得了无人船的可行路径。San-jou 等[108]借助无线遥感系统,利用无人船进行水上测绘工作,根据测绘工作的特性,设计出无人船编队的路径方案。Ghani 等[109]考虑了无人船的续航能力与运动特点,提出了用于墨西哥北部湾近地表温度、盐度、氧气浓度测量的无人船路径规划方法。Kretschmann 等[110]分析了无人驾驶自主船舶的经济利益,并进行了自主船舶和常规散货船之间的成本探索性比较,确定了无人船航运的全局路径。Raimondi 等[111]利用无人船进行海洋和湖泊作业,基于模糊/李雅普诺夫与动力学控制器的融合,对无人船的二维运动控制进行了全局的路径规划,确保高效完成航行任务。Zhang 等[112]根据物联网数据技术,对无人船执行紧急任务进行了任务分配与路径规划,利用拍卖算法与 Q 学习算法,使获得的任务分配方案效率更高,路径规划结果更加准确。Wilde 等[113]研究了无人船救助溺水者的路径规划,使救援任务快速与准确地完成。Jo 等[114]开发出用于去除有害藻类的无人船路径规划,对藻类进行生态友好建设,保护海洋水体健康发展。Madeo 等[115]研究了基于成本因素的无人船路径规划,用于普遍的水质监测作业,提升了工作效率。Pereda 等[116]使用自主式无人船进行水下排雷,对无人船的覆盖路径进行了路径规划。Jose 等[117]在防洪行动中对无人船进行自主导航,并提出了防撞与避碰方法。Wang 等[118]利用无人水面舰艇监测和回收洒在水面上的油,以最大化收集量为目标建立无人船的路径规划模型,获得了全局收油路径。Wu等[119]基于无人船多模传感器进行 3D 目标检测,获得了其有效的导航路径。

1.2.3　目前研究存在的问题与难点

结合以往文献,当前无人机与无人船联合作业路径规划研究中存在的问题总结如下:

(1)联合作业与路径规划所考虑因素之间的结合与相互影响。单独使用无人机或无人船执行海上作业所考虑的因素与联合作业是不同的。多数文献对联合体执行任务所考虑的因素依然是相对独立的[6-7,18,21]。然而,海上联合作业要注重执行任务载体之间的通信水平、负载能力、时间控制等。其中,通信水平决定了联合作业执行进度与准确性,是联合作业的基础;负载能力决定了任务执行的效果,例如在投放任务中,无人机的负载能力越强,说明无人机可以携带越大质量的载体设施,这会使联合任务效率更高;时间控制主要体现在同步效果上,在无人机与无人船完成任务后要对二者进行回收,或者无人船不断地发射与回收无人机,确保无人机不丢失。以上三方面制约着联合作业优化模型与载体的路径规划模型的建立。

(2)运筹优化与非线性控制理论的结合。多数研究联合作业的路径规划只从运营层面考虑问题,采用运筹理论对海上作业设计相应的优化模型,并利用算法求解出作业方案,忽略了无人载体本身执行任务的特点与属性。这导致经常发生优化方案是完全正确的,但联合作业载体却无法完成或无法根据给出的路径航行的问题。因此,在制定联合作业方案时,不仅要使用运筹方法在运营层面上进行任务设计与系统优化,还要更多地考虑联合作业的无人机与无人船的控制及运动非线性特点,这样才可使任务方案制定得更加符合实际,使无人机与无人船执行任务的操作性与灵活度更好,满足作业需求。

(3)协同控制与状态估计。获得联合作业优化方案与载体路径规划结果后,无人机与无人船开始执行。在执行过程中,多数文献都没有给出载体的状态控制方法,致使无人机与无人船在设计路径上偏航的情况时有发生。一旦无人机与无人船没有在给定的路径上运行,则易与障碍物碰撞,发生危险,并且联合作业成本也在变化。运动状态估计是较多学者易忽略的问题,因此对载体运动状态进行补偿、合理设置输出变量是非常重要的。

(4)缺少海上作业分类。多数研究不同类型无人载体联合作业的文献中,对海上作业的描述与分类介绍不足,仅有对某一个任务进行无人载体协同控制的介绍,缺少解决实际应用问题描述与运筹学系统设计。然而,不同类型的海上作业需要不同的优化策略,获得的优化方案不是所有任务都通用的。因此,需对不同类型的海上作业进行分类,总结各类的特点,并设计不同的运筹模型与控制规则,确保高效率地完成海上作业。

研究无人机与无人船联合作业路径规划的难点总结如下:

(1)联合优化任务模型的有效性。本书研究的海洋环境中的联合作业主要有协同搜索、海上救援、联合投放等。根据这些任务的特点,利用运筹理论进行建模。在建模过程中,一般是将任务进行逐层分解,获得每个层次下的成本项,建立线性的目标函数。目标函数中的成本项需要设计得有效与合理,如果成本项之间存在交叉关系,需要进一步剥离开并单独计算。此外,有些成本项无法量化,则要建立非线性的目标函数模型,再把非线性函数项转化成线性形式后求解,如无人船航行时变速度与能耗的关系。然而,非线性转线性的方式是否正确需要探讨,转化后求解所得结果的有效性同样需要验证。在联合优化问题中,目标函数的建立较容易,但保证目标函数的约束条件的准确性较难。若要同时控制两个或两个以上的无人载体,则约束条件要对两种控制载体同时限制,还要确保任务执行时间的连续性。尤其是在联合投放任务中,一旦时间约束发生较大的不一致,会导致无人机无法和无人船同步协调,任务完成的效果降低。在建模的约束条件中,如果约束条件过于松弛,易导致解空间大,求解效率低;如果约束条件过严格,由于对无人机与无人船的状态调整时间无法给出准确的估量,易导致联合任务控制失效。

(2)规划路径与载体动力学的匹配性。无人船是在二维平面内运动的,但根据动力学方程可知,其运动形式与无人机相同,都是从三个维度上综合计算的。根据各种因素的限制,求解出的可行路径与动力学方程相匹配也是一个较大的难点。路径规划研究是理论层面的规划,之后要进行路径跟踪来验证其有效性,这是路径规划控制理论中较为重要的内容[120]。如果在经过一系列数理计算后所规划出的路径中,除去路径跟踪方法效率低的情况,无人载体仍无法完成路径跟踪,或者跟踪偏差较大、速度控制不合理,说明计算获得的路径质量较低,不适合无人机与无人船的航行。例如,当无人船通航在有多个障碍物的区域时,以路径最短为目标,规划出的路径方案在理论上达到了在整个行走空间内欧式几何距离最短的要求,但是当无人船按照给出的路径进行路径跟踪时,载体在路径拐点的速度约束超出动力学限制或转向约束超过载体最大转向控制,会导致无人船未按原有路径方案运行,这可能导致无人船与障碍物发生碰撞,造成一定的损失,或者实际行走的路径不是最短路径,与理论规划不同。

(3)联合作业路径规划模型与求解算法的适用性。在求解联合作业路径规划前,要对无人机与无人船的运行环境进行数学建模,根据各类约束条件建立单目标或多目标的路径规划模型。一种方法是将各类路径约束整合后形成单目标模型,再利用精确算法或启发式算法求解,这是较为常见的方法,其难点在于求解结果的准确性与求解速度是否令人满意,或者路径规划模型是否符合工况需求。同时,求解算法不仅要符合无人载体运动学约束,还要将路径约束进行有效的数值化处理,其难度大。此外,为更好地得到路径规划方案,很多学者提出了非线性多目标数学模型,最大化地融合路径规划的各种因素,力争获得更为符合预期的路径导航方案。该方法比单目标形式的路径规划模型能更好地融合多个路径约束,把路径所含特征显现出来。但在多目标问题求解中,将求解单目标模型表现较好的算法用于多目标路径规划数学模型的计算时,其效果也可能不尽如人意。因此,要开发出更适合求解多目标问题的算法是较难的。在多目标问题中,所考虑的因素是相互独立的,这不仅会使计算维度升高,还会产生多个符合约束条件的非支配帕累托(Pareto)解,然而对这些解的筛选又有很多的讨论。多目标问题的求解更加复杂和消耗时间,求解的准确性也会因倾向不同而不同。因此,无论是在路径规划模型的有效性方面,还是在求解算法的适用性方面,多目标问题的求解都是路径规划问题的难点。

1.3 研究内容与技术路线

1.3.1 主要研究内容

本书对海上作业进行分类,根据作业特点设计了无人机与无人船联合作业路径规划模型并给出了相应的求解算法。通过二者的优势互补与协同操作,促使任务执行的成本更低、时间更短,极大地提升了任务执行的准确性,具体研究内容总结如下:

(1)对于简单类型的海上作业问题,以救援、巡逻、打捞等任务为例。在任务点方向已知、坐标未知的情况下,对无人机组进行单目标路径规划建模,并利用改进的粒子群优化算法求解,获得无人机对任务目标点搜索与定位的路径导航方案。此外,无人机能够收集海上环境信息,无人船根据无人机收集的信息,以路径最短、平滑度最大、能耗最少为约束,建立无人机组的单目标路径规划模型与无人船编队的多目标路径规划模型,并利用改进的量子粒子群优化算法求解,获得联合路径方案。通过二者的协同操作,缩短海上作业时间,提高任务执行的准确性与工作效率。

(2)对于复杂的静态目标任务点的海上作业问题,以物资调度为例。在多个目标任务点坐标已知的情况下,以任务数量、无人船负载能力、无人机续航能力、时间控制等为约束,建立无人机与无人船联合作业任务分配与路径规划模型,并利用混合遗传操作的粒子群优化算法求解,获得二者的联合作业路径方案,降低总作业成本。在任务点方向已知、坐标未知的情况下,利用无人机对目标任务点进行协同搜索与定位,以任务数量、载体负载、路径距离等为约束,建立无人船编队执行任务的全局路径优化模型,并利用改进的粒子群优化算法求解,获得无人船编队的航行方案。此外,无人船根据无人机收集的环境信息与运动学约束,建立两个任务点间的路径规划模型与避碰方法,获得有效的避碰路径,使无人船编队安全到达指定任务点。

(3)对于动态目标任务点的海上作业问题,以能源补给为例。利用无人机对方向已知的动态目标任务点进行搜索与跟踪,并对目标的运动轨迹进行预测,确保实时获得目标群体的相关信息。无人船编队根据目标数量、任务需求、航行距离等因素,对目标任务进行聚类划分,并设计出任务分配规则与路径导航方案,使无人船编队迅速前往目标点完成任务。此外,以相邻采样周期下的距离、横向速度、角速度等为约束,建立无人船的路径控制模型,确保其在给定的路径上稳定航行。

1.3.2 技术路线

本书的技术路线是从运筹理论与非线性控制理论两个方面进行设计的,先对优化任务进行运筹理论建模,再对载体进行运动控制,运筹优化模型与控制模型都利用启发式算法求解,技术路线如图1.2所示。

本书共分为7章,各章阐述的详细内容如下:

第1章对海洋环境中无人机与无人船联合作业路径规划研究背景与意义、研究现状、研究内容与技术路线进行详细介绍。

第2章基于当前研究成果与现状,对无人机与无人船联合作业路径规划问题进行分析,并详细介绍了联合作业无人载体运动学模型、联合优化模型、路径规划模型、求解算法等基础理论。

第3章提出了考虑无人机目标点搜索的无人船任务执行路径规划方法,因此完成海上作业;建立了无人机与无人船路径规划模型,并提出了两种改进的启发式算法用来求解。试验结果表明:提出的模型与算法有效,可获得高质量的无人机与无人船导航路径。

第4章在完成目标任务点已知情况下的海上作业的基础上,提出了无人机与无人船联合作业路径规划方法;建立了无人机与无人船联合作业路径规划模型和无人船编队最优航向角与路径的控制模型;利用混合遗传操作的粒子群优化算法求解,获得了联合作业路径方案,并使无人船以时间最短的方式航行。

第5章在完成目标任务点未知情况下的海上作业的基础上,提出了无人机与无人船联合作业的路径规划方法;利用无人机搜索与定位目标任务点,建立了无人船编队航行时间最短的全局路径优化模型;无人船根据无人机收集的海域信息,建立了无人船编队多目标路径规划模型;利用改进的粒子群优化算法求解,获得了无人船编队的全局路径方案与两任务点间的避碰导航路径。

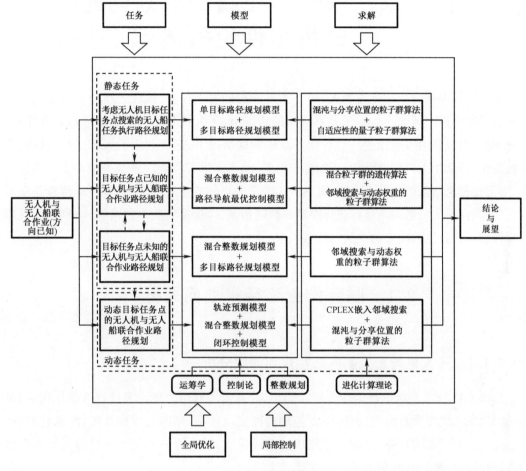

图 1.2 技术路线

第 6 章在完成方位已知与动态目标任务点未知情况下的海上作业的基础上,提出了无人船与无人机的联合作业路径规划方法;对动态目标状态变量求导,提出了无人机对动态目标的路径跟踪与轨迹预测模型;控制中心根据无人机收集的目标信息,建立了无人船编队执行任务的最小成本数学模型,利用第 3 章提出的改进的粒子群优化算法完成求解,获得路径方案;此外,还给出了无人船在给定路径上完成路径跟踪的最小成本模型,确保其稳定运行。

第 7 章对全书的研究工作进行了归纳与总结,给出了主要研究成果,并指出了研究中存在的不足以及进一步的研究方向。

综上所述,第 1 章与第 2 章是本书的研究介绍与基本理论概述;第 3 章介绍无人机与无人船完成简单的海上任务的路径规划方法;第 4 章介绍目标点已知且数量较多的海上作业;第 5 章介绍目标点未知且数量较多的海上作业;第 6 章介绍目标点为动态变化的海上作业。各章研究的海上作业难度与复杂性依次增加。

第2章 联合作业路径规划问题分析与理论概述

本书研究的联合作业分为两类:第一类是静态的海上任务,该任务还分为目标任务点已知与未知的两种情况。目标任务点已知的情况下,无人机与无人船直接进行联合作业,如物资投放、设备回收等作业。目标任务点未知的情况下,需要利用无人机进行目标点搜索与定位,再利用无人船执行任务,如海上巡逻、海水采样等作业。第二类是动态目标任务点,如海上搜救、能源补给、目标拦截等。这些任务点的方位是已知的,但目标位置是动态变化的,利用无人机对动态目标进行跟踪与轨迹预测,以保持实时定位准确,再利用无人船根据控制中心提供的决策信息执行任务。

2.1 联合作业路径规划问题分析

2.1.1 无人机与无人船的路径规划问题分析

当无人机与无人船执行的任务比较简单,并且未用到运筹理论来进行系统优化时,可直接利用无人机搜索目标点,同时由无人船前往完成任务,如海上浮标维护、海水检测、海上巡逻等。对于此类任务,根据任务需求与环境特点,对执行任务的无人机与无人船直接进行路径规划,使二者顺利到达指定位置。

路径规划是将算法、控制理论、路径规划因素等相结合,经过一系列的计算获得路径方案,其计算流程如图2.1所示。

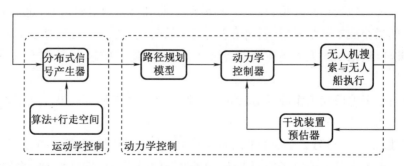

图 2.1 路径规划计算流程

2.1.2　目标任务点已知与未知的联合作业路径规划问题分析

无人机与无人船在海洋环境中执行的静态目标任务包括海上作业目标任务点已知与未知的两种情况。

海上作业目标任务点已知情况下,不需要对目标点进行搜索,如物资投放、海洋测绘、海水采样等作业。以物资投放为例,无人机负责质量小的物体的投放工作,无人船负责质量大的物体的投放工作。无人机从携带物体的无人船上不断地被发射与被回收,最终完成所有的投放任务。

海上作业目标任务点未知情况下,需要对目标点进行搜索,如海上巡逻、载体维护、物资投放等作业。无人机负责搜索与定位目标任务点的位置,并计算出无人船编队完成任务的全局路径方案。此外,还设计了无人船在两任务点间的路径规划与避碰规则,确保无人船顺利到达指定位置。联合作业计算流程如图 2.2 所示。

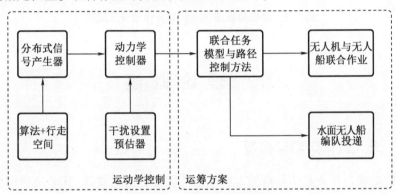

图 2.2　联合作业计算流程

联合作业数学建模的基本思想是 TSP 与车辆路径问题(vehicle routing problem,VRP)模型的拓展,根据任务点位置、时间、投放规则等因素,建立以成本最小或时间最短为目标的混合整数规划模型,并利用启发式算法进行求解。如图 2.2 所示,在联合优化过程中,主要以运筹模型为主,以控制模型为辅,并要求两个模型输出的结果能够相互匹配。

2.1.3　动态目标任务点的联合作业路径规划问题分析

在海上作业目标任务点为动态的情况下,需要对目标任务点进行跟踪与预测,如拦截打捞、目标跟踪、能源补充等作业。先利用无人机根据若干个观测周期内动态目标任务点的观测误差与速度变化,对目标任务点下一时刻的位置与速度进行预测,并获得较为精确的跟踪与预测路径。无人船根据无人机获得的目标数量、自身负载、航行距离等信息,建立完成任务成本最小的目标函数模型,获得无人船任务分配与路径规划方案。动态目标任务点的联合作业计算流程如图 2.3 所示。

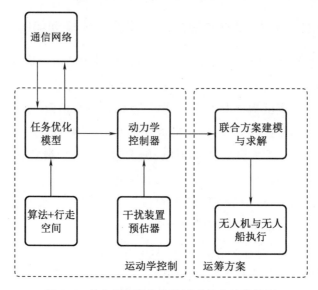

图 2.3　动态目标任务点的联合作业计算流程

2.2　理　论　概　述

2.2.1　无人载体运动学模型

本书研究的联合作业载体是指无人船与无人机这类无人载体,其运动学模型是自主行为与运动状态的数学形式,同时也是一种运动约束。在 Matlab 的 Simulink 模块中输入无人载体运动模型的控制变量,能够获得输出变量。将输出变量与路径规划因素相结合,并利用启发式算法求解,即可获得无人载体的运行路径,使其自主无碰撞地到达指定地点,并完成设定任务。因此,对无人载体的运动学模型研究是不可缺少的。

1.无人船运动学模型

无人船运动学模型的建立一般基于地球坐标系和船体坐标系。根据参考文献[121],无人船运动学模型可以表示如下:

$$\begin{cases} \dot{x}=u\cos\psi-v\sin\psi \\ \dot{y}=u\sin\psi+v\cos\psi \\ \dot{\psi}=r \end{cases} \tag{2.1}$$

式中,x、y 分别为无人船在 X 与 Y 方向的坐标;ψ 为艏摇角;u 为纵向速度;v 为前进速度;r 为艏摇角速度。无人船的船体运动状态展示如图 2.4 所示。

2.无人机运动学模型

无人机处于三维空间环境,具有三个方向的运动维度,根据参考文献[122]中对飞行物体的运动状态描述,无人机运动学模型表示如下:

$$\begin{cases} \dot{X} = V\cos\gamma\cos\theta \\ \dot{Y} = V\cos\gamma\sin\theta \\ \dot{Z} = -V\sin\gamma \end{cases} \tag{2.2}$$

式中,V 为无人机相对地面的速度;X、Y、Z 分别为无人机在惯性坐标系中的位置;γ、θ 分别为地面轨迹角与飞行路径角。无人机机体模型如图 2.5 所示。

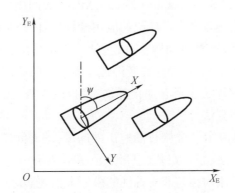

图 2.4　无人船的船体运动状态展示

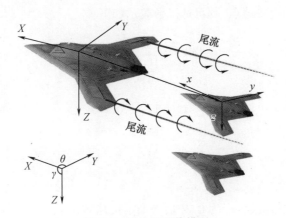

图 2.5　无人机机体模型

　　通过无人载体的运动学方程的输入变量,能够获得无人船与无人机的控制状态,同时可将现有运动状态反馈到初始的分布式信号器与比例-积分-微分控制器(proportional plus integral plus derivative controller,PID controller)信号器中,以此来不断地调整输出状态,使无人载体运动更加稳定。

2.2.2　无人载体路径规划模型

1.联合作业模型

　　本书研究的联合作业是指无人机与无人船在海面上共同执行任务,通过合作的方式,使任务的执行成本更低、时间更少、效率更高。这些联合作业的模型主要是 TSP 模型与 VRP 模型的结合与拓展。

（1）TSP 模型

TSP 是一个经典的组合优化问题,可以描述为:一个商品推销员要去若干个城市推销商品,该推销员从一个城市出发,需要经过所有城市最多一次后,最终返回到出发地点。应如何选择行进路线,使总的行程最短? 从图论的角度来看,该问题实质是在一个带权完全无向图中,找一个权值最小的哈密顿(Hamilton)回路。由于该问题的可行解是所有顶点的全排列,随着顶点数的增加,会产生组合爆炸,因此 TSP 是一个非确定性多项式时间复杂性类(non-deterministic polynomial time complexity class,NP)困难问题。由于该问题在交通运输、电路板线路设计、物流配送等领域有着广泛的应用,因此国内外学者对其进行了大量研究。早期的研究者使用精确算法求解该问题,方法包括分支定界法、线性规划法和动态规划法等。但是,随着问题规模的增大,精确算法变得无能为力。因此,国内外学者重点使用近似算法或启发式算法来求解,算法主要有遗传算法、模拟退火算法、蚁群优化算法、禁忌搜索算法、贪婪算法和神经网络算法等。

最初的 TSP 模型只是演示一个旅行商遍历的问题,随着问题的多元复杂化,TSP 不仅可用于取送货,还可用于巡逻、景点布置、卫星定位等应用中,并且在 TSP 模型中可以设置是否有子回路的形式,以及用对称与非对称性的模型来描述实际问题。经典的 TSP 模型表述与公式如下:

假设有 n 个城市,城市 $i,j \in n$,且 $i \neq j$。推销员从其中某个城市出发,拜访各个城市仅一次,最后回到原来的出发地点,其目标函数表示如下:

$$\min Z = \sum_{i=1}^{n} \sum_{j=1}^{n} d_{ij} x_{ij} \tag{2.3}$$

约束条件为

$$\sum_{j=1}^{n} x_{ij} = 1, \quad \forall i \in n \tag{2.4}$$

$$\sum_{i=1}^{n} x_{ij} = 1, \quad \forall j \in n \tag{2.5}$$

$$\sum_{i \in n} \sum_{j \in n} x_{ij} \leq n - 1 \tag{2.6}$$

式中,Z 为最短距离目标函数;x_{ij} 为 0 或 1,当推销员从城市 i 到 j 时,该值为 1,否则为 0;d_{ij} 为从城市 i 到城市 j 的距离。如果将 $d_{ij} \neq d_{ji}$ 定义为非对称型 TSP 问题,则推销员不回到原点;如果将 $d_{ij} = d_{ji}$ 定义为对称型 TSP 问题,则意味着推销员从原点出发回到原点,遍历过程如图 2.6 所示。

（2）VRP 模型

VRP 是对一系列的装货点和卸货点,组织适当的行车线路,使车辆有序地通过它们。在满足一定的约束条件(如货物需求量、发送量、交发货时间、车辆容量限制、行驶里程限制及时间限制等)下,达到设计的问题目标(如路程最短、费用最少、时间尽量少及使用车辆数尽量少等)。目前对于 VRP 的研究已经可以表示为给定一个或多个中心点,对应一个车辆集合和一个顾客集合,车辆和顾客各有自己的属性,每辆车都有容量限制,所装载货物的总量不能超过车的容量。起初车辆都在中心点,顾客在空间中任意分布,车把货物从车库运送到每个顾客手中(或将每个顾客手中的货物运到车库),并要求满足顾客所有的需求,但每个顾客只能被服务一次,车辆最后返回车库,怎样才能使总的运输费用最小或时间最少?

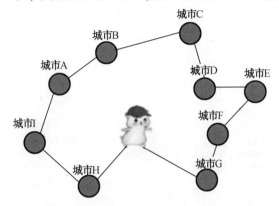

图 2.6　遍历过程

关于 VRP 模型求解的算法分为精确算法与启发式算法。其中,精确算法包括分支界限法、分支切割法和集合涵盖法等。启发式算法包括粒子群优化算法、模拟退火算法、确定性退火算法、禁忌搜索算法、遗传算法、神经网络和蚁群优化算法等。

最初的 VRP 模型是针对车辆配送问题而建立的,随着问题的多样化,VRP 模型不仅可以用于车辆的多点取配送,还可以用于海运物流、航空物流、多式联运及协同作战等方面。经典 VRP 模型的表述与公式如下:

定义配送中心编号为 0,客户编号为 $i(i=1,2,\cdots,k)$,则目标函数如下:

$$\min Z = \sum_{i=0}^{k}\sum_{j=0}^{k}\sum_{s=1}^{m} c_{ij}x_{ijs} \tag{2.7}$$

约束条件为

$$\sum_{i=0}^{k} g_i y_{is} \leqslant q, \quad \forall s = 1,2,\cdots,m \tag{2.8}$$

$$\sum_{i=1}^{k} y_{is} = \begin{cases} 1, & \forall i = 1,2,\cdots,k \\ m, & \forall i = 0 \end{cases} \tag{2.9}$$

$$\sum_{i=0}^{k} x_{ijs} = y_{js}, \quad \forall j = 1,2,\cdots,k; \forall s = 1,2,\cdots,m$$

$$\sum_{j=1}^{k} x_{ijs} = y_{is}, \quad \forall j = 0,1,\cdots,k; \forall s = 1,2,\cdots,m$$

式中,x_{ijs} 为 0 或 1,当车辆 s 由客户 i 行驶向客户 j 时,该值为 1,否则为 0;y_{is} 为 0 或 1,当客户 i 的任务由车 s 完成时,该值为 1,否则为 0;g_i 为客户的需求总质量;q 为车辆配载的总质量。VRP 模型的配送过程如图 2.7 所示。

综上,这两种模型都是本书中联合作业模型建立的基础,通过两种模型的融合与拓展,并利用启发式算法进行求解,可获得较好的无人机与无人船协作方案。

2. 路径规划数学模型

本书的路径规划利用算法与约束条件相结合,使无人载体以最优化的方式躲避障碍物,安全地到达指定地点并完成运输、侦察、探测等一系列任务。海洋环境中的无人载体路径规划的研究思想和理论基础多数来源于陆地上使用的较高自动化程度的机器载体,如无人船、无人机、无人水下航行器以及自动导引车等。本书研究的海洋环境中无人机与无人船的路径规划模型建立主要考虑的因素有以下几点：

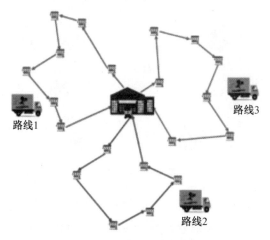

图 2.7 VRP 模型的配送过程

（1）路径距离最短

较短的行走路径,可以使无人载体更快地完成任务,减少在工作区域停留的时间,降低意外发生的可能性,尤其是无人船、无人机和自主水下航行器等这些技术精密、价值较高的自动化载体在海洋环境中作业时,较短的行走路径能够使其以较短的时间完成探测、搜索、目标打击等任务。此外,较短的行走路径在一定程度上还能够节约能耗,降低经济成本。在无人载体路径规划的研究中,路径距离最短因素是所有路径规划与路径控制不可缺少的。路径距离最短数学模型的计算主要使用两点间距离公式,即欧氏距离最短。通常使用无向图的方式,将无人载体的可行空间划分为多个网格,网格边缘与对角线都是可行走的路径,依次按照两点间距离公式来获得最短路径距离。求解路径距离最短模型的算法有很多,如分支定界算法、Dijkstra 算法和启发式算法等。本书求解路径规划模型时使用的都是启发式算法,使用的求解计算工具是 Matlab。

（2）路径平滑度最大

平滑度是指无人载体在运动过程中的转向角度,较大的平滑度意味着较小的转向角度。转向角度越小,说明无人载体的运动路径越平滑,载体的操作性越好,同时,速度的改变越小,载体的机动性也就越好。如果规划出的路径的平滑度非常小,无人载体可能需要停止运动并转向,之后再向前运动,该方式不仅会增加运动时间,还会加大载体的磨损程度;如果载体不停止运动,则可以进行急转弯,但这种情况容易造成侧翻,发生危险,尤其是无人船在海上营救过程中,禁止规划出平滑度过小的路径,要保证运载的物品或人员的安全。在很多研究中,路径规划的平滑度因素越来越受到重视,并且平滑度的变化对速度也有一定的影响,因此此路径规划中考虑该因素也是非常必要的。平滑度模型的建立方法是在直线连续路径的转折处取转向角或者转向角的正切值进行计算。

（3）路径安全性最高

无人载体在执行任务过程中要确保自身的安全,以免与静态障碍物发生碰撞,或者由于预估计算不准确,与动态障碍物发生碰撞。在路径规划问题中,考虑安全性主要是针对动态环境或者具有一定风险可变的环境。以无人水下航行器为例,无人水下航行器在潜行过程中会遇到大型船只、同类的无人水下航行器、大型鱼类等。无人水下航行器会根据这些障碍物的位置与运动方向重新规划出新的路径或修正原有路径,并与这些障碍物保持一定的距离,避免发生碰撞。此外,还有一些静止状态的危险品,当无人载体经过其附近时容易发生状态改变,如爆炸、泄漏、变形等。因此,在路径规划过程中,应更加注重对安全因素的考量。安全性模型的建立方式主要有两种,一是设置极大的惩罚值,当规划出的路径在不安全范围内时,目标函数会与一个无限大的值相加,导致路径成本剧增,此时求解算法将放弃该路径并进行重新规划;二是设置无人载体与障碍物的安全距离,将障碍物边缘扩大至安全范围,规划的路径不与所设置的安全范围相交或相切即可。

(4)路径最节能

节能路径会降低经济成本,尤其在路径较长或有较多无人载体参与的情况下,节约能耗是不可缺少的。一般情况下,能耗与路径长度成正比,但在海洋环境中,无人船在顺流或顺风环境中航行时,即使路径变长,也会获得较好的节能效果。当自身速度与水流速度发生同向叠加时,无人船会以较快的速度完成航行任务,减少运行时间,并达到节能的效果。在自身速度与水流速度反向的情况下,即使航路较短,但要克服水流阻力做功也会消耗更多的能量。能耗函数的建立方式是利用理论航行路径除以无人载体实际航行速度,再用获得的结果乘以能耗系数,以此来衡量能耗的大小。

2.2.3 问题求解算法

联合作业路径规划模型的求解利用的是改进粒子群优化算法与量子粒子群优化算法。本节中对原始的粒子群优化算法与量子粒子群优化算法进行介绍,并对本书中的算法改进策略进行阐述,具体总结如下:

(1)原始的粒子群优化算法

粒子群优化(particle swarm optimization,PSO)算法是由 Clerc 等[123]开发出的一种智能优化算法。在 PSO 算法中,每个优化问题的解都是搜索空间中的一只鸟,称之为"粒子"。所有的粒子都有一个由被优化的函数赋予的适应度,并且每个粒子还有一个速度决定它们飞行的方向和距离。粒子们则追随当前的个体最优与全局最优的粒子在解空间中搜索。

基本原理是:PSO 算法初始化为一群随机粒子(随机解),然后通过迭代找到最优解,在每一次迭代中,粒子通过跟踪两个"极值"来更新自己。一个极值是粒子本身所找到的最优解,这个解定义为个体最优极值;另一个极值是整个种群找到的最优解,这个极值是全局最优极值。另外,粒子的更新也可以不用整个种群而只用其中一部分最优粒子的邻居,那么在所有邻居中的极值就是局部极值,这也是很多算法的改进方向。PSO 算法具有较好的鲁棒性与搜索效果,它可以很容易地用任何一种计算机语言来实现,如 Matlab、C++、Python等,因此该算法已被应用于许多领域。一些研究已经将 PSO 算法的性能与其他类似生物种群的优化算法进行了比较,如遗传算法、差分进化算法、蝙蝠优化算法等。多数结果表明,PSO 算法及其变体可以找到更好的极值与优化方案。

然而,在解决复杂的优化问题或者高维度的数值优化问题时,标准的 PSO 算法搜索可能会陷入局部最优或求解过早收敛。因此,为提高原始 PSO 算法的求解性能,人们已设计了许多不同类型的改进机制来提高 PSO 算法的性能。例如,Liang 等[124]提出了综合学习的 PSO 算法,将一种较为新颖的学习策略融合到粒子的速度更新过程中,改进的算法与标准的 PSO 算法变体相比,在求解多峰问题上表现出了更好的性能,但是新算法在大多数问题上的收敛速度远低于其他的改进方法。Zhan 等[125]将正交学习策略引入 PSO 算法,提出了带有正交学习更新策略的 PSO 算法,试验结果表明,改进的算法具有较好的搜索效率与求解速度。Kohler 等[126]提出了一种被称为 PSO +的算法,该算法利用一个修复算子和两个群来保证总是有一个群的粒子完全遵守每个约束,使算法能够更好地解决线性和非线性约束问题。在小规模的实例分析中,PSO +算法表现较好。Ahmed 等[127]利用混沌图的方式初始化 PSO 算法的粒子种群,同时在权重系数与学习因子上进行改进,使算法具有更好的遍历能力与搜索性能,用于求解无人机的路径规划问题。Zhang 等[128]提出将 PSO 算法融合邻域学习机制与竞争报价机制,以此来增强算法粒子种群的多样性和搜索性能,并利用 12 个基准函数对其进行测试,结果显示改进的算法具有较好的数值优化效果。Ding 等[129]提出了融合人机学习的 PSO 算法,在人机学习方法的指导下,该算法的粒子集体行动决策存在较强的互补优势,可进一步提高每个粒子的个体学习能力,以此求解柔性作业车间调度等优化问题。PSO 算法优化应用广泛,如协同配送、资源配置、调度决策、疾病诊断、手术调度等方面,都有着 PSO 算法的身影。

标准的 PSO 算法公式表示如下:

$$v^{k+1} = wv^k + c_1 r_1 (P_b - x^k) + c_2 r_2 (P_g - x^k) \tag{2.10}$$

$$x^{k+1} = x^k + v^{k+1} \tag{2.11}$$

式中,v^k 为粒子的当前速度;x^k 为粒子的当前位置;P_b 为个体最优位置;P_g 为全局最优位置;w 为权重系数,常设置为 0.8;c_1 与 c_2 为学习因子,一般设置为 1.499 5;r_1 与 r_2 是介于 (0,1)间的随机数。

从上述公式可知,粒子搜索飞行时受到自身当前速度和位置的影响。PSO 算法粒子飞行示意图如图 2.8 所示。

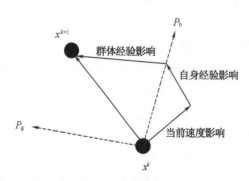

图 2.8　PSO 算法粒子飞行示意图

(2)量子粒子群优化算法

量子粒子群优化(quantum particle swarm optimization, QPSO)算法是由 Sun 等[130]将量

子力学理论引入 PSO 算法而提出的具有生物特性的智能启发式算法。量子状态的引入改变了 PSO 算法的计算迭代结构,减少了参数设置,其优化效果比 PSO 算法更好。量子系统不是简单的线性系统,而是复杂且呈现离散状态的非线性系统,并且遵循量子状态叠加原理[131]。因此,它比简单的常规线性系统具有更复杂的特征状态。在量子系统中,粒子的轨迹是不确定的。根据概率密度函数,粒子可以出现在可行区域中的任何位置,甚至是远离当前最优的位置,与当前粒子位置不同的位置可能比当前粒子总体的最佳目标函数调用具有更好的适应度。因此,结合具有概率密度函数的随机量子行为可使粒子更好地探索解空间,并有助于避免粒子搜索陷入局部最小值,从而避免过早收敛的现象发生。

然而,随着 QPSO 算法在不同领域的应用,其也表现出了一些缺点。例如,在求解高维度问题时,QPSO 算法也会发生过早收敛的现象,或者在大规模的问题寻优后期,种群粒子的多样性会降低,易陷入局部最优。为此,出现了很多的改进策略来提升 QPSO 算法的求解性能。其中,代表性文献有:Li 等[132]提出了分区协作式的 QPSO 算法,将速度更新策略与每次动态更新上下文向量相结合,并与其他粒子进行协同操作,以此改善搜索粒子的优化能力。Liu 等[133]将模拟退火法与 PSO 算法的更新策略融合到 QPSO 算法中,用以提高算法全局搜索能力,避免粒子种群多样性下降,同时改变了 QPSO 算法的位置更新策略,防止协同搜索过早收敛。Fu 等[134]将差分进化算法与 QPSO 算法相结合来增强算法的求解能力,用于求解无人船的路径规划。郭兴海等[135]通过修改 QPSO 算法的权重系数与学习因子来提升算法的优化能力,用于求解无人水下航行器的路径规划。此外,QPSO 算法的改进形式还被应用于诸多领域,如图像处理、无线定位、作业调度等。

标准的 QPSO 算法的更新公式表示如下:

$$x^{k+1} = v^{k+1} \pm w \cdot |P_{\text{mbest}} - x^k| \cdot \ln\left(\frac{1}{u}\right) \tag{2.12}$$

$$P_{\text{mbest}} = \frac{1}{M}\sum_{i=1}^{M} P \tag{2.13}$$

$$v^{k+1} = \frac{c_1 r_1 P_b + c_2 r_2 P_g}{c_1 r_1 + c_2 r_2} \tag{2.14}$$

式中,x^k 为粒子当前位置;P_{mbest} 为粒子平均适应度;P 为粒子的适应度;v^{k+1} 为粒子的速度;w 为权重系数,常设置为 0.8;r_1、r_2、u 为(0,1)间的随机数;M 为粒子的数量;P_b 为个体最优位置;P_g 为全局最优位置。

量子粒子的运动形式,既会相互干扰,也会相互学习,运动具有随机性,以概率形式出现在空间中的任何位置,其搜索的不确定性既是 QPSO 算法的缺点,也是该算法的优点。

(3)算法改进策略介绍

近些年来,生物启发式算法的改进研究得到了迅速发展,包括本书涉及的 PSO 算法与 QPSO 算法,以及一些常见启发式算法,如蚁群优化算法、模拟退火算法、禁忌搜索算法、人工神经网络算法、遗传算法、鱼群算法、蝙蝠优化算法、狼群算法等。它们的改进方式大致可从三个方面进行操作,详细解释如下:

第一,系数改进策略。大多数启发式算法都有一些调整系数或参数,系数的改变在很大程度上影响着算法的优化能力。通过文献的收集与整理,以及用基准函数对算法测试结构进行展示。现阶段已经给出了多种有效的系数改进方式,使算法具有更好的搜索效果与求解精度。例如,PSO 算法的速度权重系数使用混沌图的方式要比线性变化的收敛效果更好。QPSO 算法的学习因子采用二次变化要比线性变化和随机数的优化效果更好。遗传算法采用概率分布方式的基因变异概率设置要比固定数值的优化效果好。蚁群优化算法的信息素与启发因子采用互补方式会产生较好的优化效果。进行有效的系数调整后,算法搜索能力,尤其在收敛的精度与速度上得到明显提升。然而,由于每个算法都有若干个系数,同时调整到每个系数最优的效果是非常难的,需要不断地利用基准函数来测试算法的收敛速度与准确性。一般情况下,常采用控制变量法进行改进,当算法效果提升后,之前改变的系数不变,从下一个系数开始调试,直到获得最为满意的结果。

第二,多种算法融合策略。单一的启发式算法具有一定的缺陷,因此往往将两种或两种以上的算法相融合,达到取长补短的效果。例如,遗传算法与 PSO 算法相融合,PSO 算法具有很好的搜索能力,但解的收敛效果要弱于遗传算法;遗传算法的搜索能力却不如 PSO 算法,但收敛效果较好。两算法的融合能够相辅相成,使求解效果更好。此外,PSO 算法与神经人工网络相融合、遗传算法与禁忌搜索相融合也是非常常见的。这些算法相融合,能够将各自的计算优势发挥出来,同时各自的缺陷会被其他算法的优势弥补。融合改进后的算法的优化能力一般都会得到进一步的提升,但融合后的算法可能存在收敛速度慢的现象。不同算法的逻辑结构与输出形式存在一定差异,使两种或多种算法融合的编程难度较大,即使算法融合在一起了,先前的参数设置也不一定满足新算法的要求,需要多次调整参数来匹配改进后的新算法,使其发挥出较好的搜索能力。算法融合也会成为今后智能算法发展的重要方向。

第三,改变算法内部策略。在标准的启发式算法中,通过改变算法内部结构来提升算法优化能力的方式也是比较常见的。算法内部计算结构一旦发生改变,相关系数的适配性也会发生很大改变。例如,参考文献[128]中,将 PSO 算法的全局最优位置替换成邻域最优值,全局优化学习因子的收敛特征将发生变化,算法中的学习因子也应随之改变。参考文献[136]在标准的 QPSO 算法中改变了粒子上下的学习结构,来使算法求解效果进一步提升。一旦算法的内部结构发生变化,在一定程度上可以认为这是一个新算法,该算法是否对优化问题具有适配性需要更多的测试与验证。此外,还要对新算法的收敛性进行探讨与证明,说明算法是否以概率 1 的形式完成收敛,才能说明提出的算法是否是有效的。多数改变算法内部的文献给出了改进方法,但对收敛性的探讨比较少。

针对以上三种改进方式,本书提出了四种改进算法,分别是混沌共享粒子群优化(chaotic and share particle swarm optimization, CSPSO)算法、自适应的量子粒子群优化(adaptive-quantum particle swarm optimization, A-QPSO)算法、混合粒子群的遗传算法(hybrid particle swarm optimization and genetic algorithm, PSO-GA)以及邻域搜索与动态权重的粒子群优化(neighborhood search and dynamic weight particle swarm optimization , NDPSO)算法,这四种算法分别解决本书中不同的路径求解与联合优化问题。

按照上述算法的改进分类,本书中的 CSPSO 算法与 A-QPSO 算法是在系数上进行优化改进的。PSO-GA 是两种算法的融合而产生的。NDPSO 算法改变了标准的 PSO 算法的计算结构。

（4）本书的算法设计

①CSPSO 算法

CSPSO 算法是标准的 PSO 算法融合了四种改进机制形成的,这四种机制分别是混沌递减策略、分享平均最优位置、线性化学习因子、动态权重。由于 CSPSO 算法在求解速度与解的精确性方面令人较为满意,因此会在本书的第 2 章与第 5 章单目标问题的数学模型的求解中使用。

混沌策略具有遍历性强、非重复性强、敏感性高等特点。混沌遍历方式可以使粒子以更高的速度执行垂直搜索,防止搜索粒子陷入局部最优,降低过早收敛发生的可能性。此外,经过多次计算试验发现,混沌递减策略搜索遍历效果好于混沌变化的搜索方式。混沌递减策略在优化过程的前期获得了最优权重,在搜索的后期权重会下降,以便于算法快速收敛,减少搜索浪费。

分享平均最优位置的引入会使粒子的速度更新不再局限于个体最优与全局最优,而是对其他非优粒子也进行学习,这样会提高 PSO 算法的全局搜索能力与协作能力,增加种群的多样性,确保解的精度与有效性。此外,引入分享平均最优位置后,粒子的搜索区域也会变大,使算法获得最优解的可能性再次提升。

线性化学习因子会迎合 PSO 算法的搜索与收敛。在 PSO 算法的计算过程中,PSO 算法的搜索行为在优化过程的前半阶段占主导,而收敛行为在优化过程的后半阶段占主导,因此线性化的学习因子有助于提升 PSO 算法的搜索与收敛能力。

动态权重能够平衡粒子的位置与速度的更新,当搜索粒子远离最优解时,可通过增大权重,使粒子改变位置与方向,令其靠近最优解;反之,当粒子靠近最优位置时,权重使粒子减速,防止其逃离,最终获得最优解。

②A-QPSO 算法

A-QPSO 算法是标准的 QPSO 算法融合了四种改进机制形成的,这四种机制分别是自适应性权重、自适应性学习因子、种群多样化设计以及适应度的阈值筛选。

自适应权重在搜索前期变化较慢,取值较大,维持了算法的全局搜索能力;在搜索后期变化较快,较大地提升了算法的全局收敛能力,能够产生较好优化效果。

自适应性学习因子能够比线性变化方式更好地迎合算法的搜索与收敛行为,使算法具有更好的搜索与收敛能力,获得的解的精度更好。

种群多样化设计就是添加第三个学习因子,使搜索种群粒子进一步多样化,当部分粒子陷入局部最优后,其他粒子继续完成搜索行为,避免发生所有的粒子陷入局部最优而无法逃逸的现象。

适应度的阈值筛选是设定一个粒子适应度,在种群初始化阶段,当求解的是最大值时,将适应度较低的粒子进行一次性过滤舍掉,并将剩余的粒子用于下一次迭代中,用以提高计算速度和精度。尤其在求解大规模问题或者种群规模较大时,阈值设定的改进机制会获得较为明显的优化效果。

③PSO-GA

PSO 算法是通过学习个体极值和群体极值来完成解或方案的寻优的。虽然 PSO 算法的迭代搜索操作简单,且具有较快的收敛速度,但随着迭代次数的增加,种群会集中收敛,导致各粒子的相似度越来越高,极易在局部最优解周边发生搜索停滞或过早收敛[137],导致算法的寻优效果不理想。然而,遗传算法却有较好的收敛能力,获得的解的精确度较高。但是,遗传算法对新空间的探索能力却是有限的。如果没有较好初始解,遗传算法极易过早收敛。

因此,将 PSO 算法与遗传算法相融合,使它们相辅相成,取长补短,融合后的算法的求解能力更好。本书中的算法融合操作是将 PSO 算法初始化的粒子分成若干个子种群,在每个子种群中引入遗传算法中的交叉、变异、全局基因交换等操作,来获得优化问题的最优解。初始化粒子被分成多个子种群的数量对优化结果也有一定的影响,要结合种群的规模进行设定。

此外,在遗传操作部分还加入了全局基因操作,包括通婚交换与精英保留,这样可以进一步提高混合算法搜索的精确性与求解效率。在遗传算法的迭代规则中融合禁忌搜索策略,可使结果更精确。

④NDPSO 算法

NDPSO 算法是标准的 PSO 算法融合三种机制来改进算法内部计算结构的新算法,这三种机制分别是邻域搜索、混沌映射、动态权重。

邻域搜索是将全局最优位置用邻域最优位置替代,这种替代邻域与环形拓扑设置的固定邻域不同,NDPSO 算法的粒子集邻域是动态变化的,这样的操作不仅能够增强种群粒子的多样性,提高算法的搜索能力,还能使粒子之间相互学习,获得有效的协作信息,防止搜索过早收敛。

然而,邻域最优机制的引入会使粒子的逃逸能力降低,因此再次结合混沌映射与动态权重这两个机制,使陷入局部最优的粒子能够逃出局部最优值,最终获得较好的结构。混沌映射与动态权重的解释在 CSPSO 算法中已经给出,此处不再赘述。

第3章 考虑无人机目标任务点搜索的无人船任务执行路径规划

在指定海域内,由无人机与无人船联合完成简单类型的海上作业时,要求无人机与无人船同时出发,由无人机搜索与定位目标任务点,并由无人船来执行任务。根据环境特点与载体运动学约束,分别建立无人机与无人船路径规划模型,获得具有路径距离短、安全性高、操控性强等特点的联合导航路径。

3.1 无人机与无人船联合路径规划问题描述

在执行海上作业时,先使无人机向指定海域飞行,搜索并定位目标任务点,再使无人船根据无人机的定位信息前往目标任务点,在任务完成后二者共同返回基地。无人机在海上飞行过程中不仅能够搜索与定位目标任务点,还能识别海面洋流运动状态、风力强度、障碍物分布情况等,并将这些信息发送给控制中心;控制中心根据这些信息对无人船进行路径规划与协同控制,获得实时路径方案。通过无人机与无人船的合作,能够快速与准确地完成任务。

结合分布式系统思想[138],以图 3.1 显示的海上作业为例,无人机在海洋上空搜寻目标,每个搜索区域内的搜索结果可以在无人机编队中共享,无人机编队会根据目标距离和自身性能,以合理的方式选择其中一架无人机持续跟进,其他无人机继续搜索。之后,无人机将目标任务点的位置传输给控制中心,控制中心派无人船完成任务。

图 3.1 中的控制中心可以设置在陆地或海上大型船舶上。控制中心可对无人机与无人船获得的信息进行处理。云服务器可存储无人机与无人船的状态数据。

结合空海环境特点与载体运动约束,规划出无人机与无人船联合作业的路径导航方案,使二者高效地完成海上任务,本章主要内容如下:

(1)根据无人机飞行环境特点与运动学约束,以路径距离成本最小为主要考虑因素,再结合山区地形成本、雷达成本、无人机之间碰撞成本等,建立单目标加权形式的路径规划数学模型,提出融合四种改进机制的 PSO 算法与 B 样条曲线并进行求解,获得无人机导航路径。

(2)以路径距离最短、平滑度最大、能耗最低为目标,结合水流干扰与动力学方程,建立无人船航行的非线性多目标路径规划数学模型,并提出融合四种改进机制的 QPSO 算法与 Pareto 解集筛选规则来获得无人船导航路径。

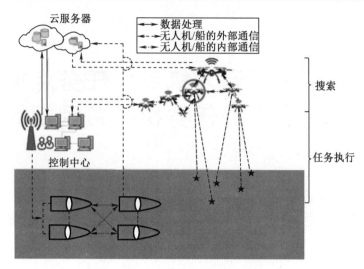

图 3.1　分布式无人系统联合作业

3.2　符号定义与模型构建

3.2.1　符号定义

1. 无人机路径规划参数符号定义

（1）无人机运动学相关的符号定义

x、y：无人机的二维坐标，其导数形式定义为该方向上的速度；

φ：无人机的偏航角，(°)；

v：无人机的飞行速度，m/s；

ω：偏航角的导数，定义为角速度，rad/s；

a：速度的导数，定义为加速度，m/s^2。

（2）无人机路径规划模型相关的符号定义

$x_{\min}$、$x_{\max}$、$y_{\min}$、$y_{\max}$、$z_{\min}$、$z_{\max}$：无人机在三维空间中的飞行界限，m；

x_k^m、y_k^m、z_k^m：第 k 个岛体的规模，m；

(x_k^{m0}, y_k^{m0})：岛体的水平中心坐标，m；

h_k、x_k^t、y_k^t：岛体的设计参数，其数值的变化影响山的高度和坡度，m；

(x_k^r, y_k^r, z_k^r)：第 k 个雷达威胁中心，m；

$z_{k,i,j}^m$：第 k 个岛的高度，m；

R_k：雷达威胁半径，m；

f_L：最小的飞行路径距离成本，无单位；

f_T：地形成本，即绕岛安全飞行的成本，无单位；

f_R：雷达检测成本，无单位；

f_C：无人机组间的碰撞成本，无单位；

N_w：无人机规划出路径上航点的数量，个；

(x_1,y_1,z_1)：无人机的起点；

$(x_{N_w},y_{N_w},z_{N_w})$：无人机的终点；

(x_i,y_i,z_i)：设计的航路点，不包括起点与终点，有 $i=2,\cdots,N_{w-1}$；

δ：雷达强度，dB；

$d_{i,j}$：不同编号的无人机之间的最短距离，m；

$\overline{d}$：每个无人机之间预先设计的安全距离，m；

$A_{i,j}$：0 或 1 变量，当与障碍物发生碰撞时取 1，否则取 0；

$B_{i,j}$：0 或 1 变量，当进入干扰雷达范围内时取 1，否则取 0；

$C_{i,j}$：0 或 1 变量，当无人机之间发生碰撞时取 1，否则取 0。

（3）求解算法相关的符号定义

v^k：粒子的速度，无单位；

x^k：粒子的位置，无单位；

P_b：个体最优位置，无单位；

P_g：全局最优位置，无单位；

w：权重系数，无单位；

c_1、c_2、c_3：学习因子，且 $c_{max}=2$，$c_{min}=0$，$c_3=2$，无单位；

r_1、r_2、r_3：介于（0,1）间符合正态分布的随机数，无单位；

T_i：当前迭代次数；

T_m：最大迭代次数；

P_{mbest}：粒子的平均适应度，无单位；

M：种群规模，个；

P：粒子的适应度，无单位；

A：介于（0,1）间的随机数，无单位；

a：动态权重，控制先前的 x^k 和速度 v^{k+1}，无单位；

u：第一次迭代的平均适应度，无单位；

$f(j)$：第 j 个粒子的适应度，无单位。

2. 无人船的路径规划模型符号定义

（1）无人船运动学模型有关的符号定义

m_{USV}：无人船的质量，kg；

u：纵向速度，m/s；

v：横漂/横向速度，m/s；

$\dot{u}$：纵向速度的导数，为纵向加速度，m/s^2；

$\dot{v}$：横漂/横向速度的导数，为横漂/横向加速度，m/s^2；

r：艏摇角速度，rad/s；

$\dot{r}$：艏摇角的导数，为该方向的加速度，m/s^2；

x_G:无人船在 X 方向上的重心,y_G 同理;

X:无人船纵向作用力,kN;

Y:无人船横向作用力,kN;

I_Z:无人船偏航的惯性,无单位;

N:偏航的作用力,kN;

ψ:无人船的导航角,($^{\circ}$);

v_c:水流速度,带有 x 角标为在 X 方向分解的速度,带有 y 角标同理,m/s;

t:时间变量,s。

(2)无人船路径规划模型相关的符号定义

s_i:路径 s 被分成 i 段($i=1,\cdots,m$),个;

L:规划路径的距离,m;

x、y:路径上的坐标,m;

θ:导航路径上的转向角,($^{\circ}$);

p_i:π;

E:航行路径的能耗,kJ;

Q:单位时间的能耗系数,无单位;

m:目标数量,个;

nq_i:i 个不等式约束,无单位;

z:不等式约束的数量,个;

q_i:i 个等式约束,无单位;

k:等式约束的数量,个;

p:变量数,个;

L_i、U_i:第 i 个变量 x_i 在搜索空间的上限与下限,无单位。

(3)求解算法有关的符号定义

x^k:迭代次数 k 的粒子位置,无单位;

P_{mbest}:粒子的平均适应度,无单位;

P:粒子的适应度,无单位;

v^{k+1}:迭代次数 $k+1$ 的粒子速度,无单位;

w:权重系数,且 $w_{max}=0.9$,$w_{min}=0.4$,无单位;

r_1、r_2、u:(0,1)间的随机数,无单位;

M:粒子的数量,个;

P_b:个体最优位置,无单位;

P_g:全局最优位置,无单位;

T_i:当前迭代次数;

T_m:最大迭代次数;

c_1、c_2、c_3:学习因子,且 $c_{max}=2$,$c_{min}=0$,$c_3=2$,无单位;

N:活性粒子的集合,$N=\{1,2,\cdots,n\}$,无单位;

R:截断比率,且 $R\in(0,1)$,无单位;

$F(n)$:活性粒子的适应度,无单位;

T:阈值设置,无单位;

$T_{\max}$:求优化问题的最大值时设置的阈值,无单位;

$T_{\min}$:求优化问题的最小值时设置的阈值,无单位。

3.2.2　无人机路径规划模型

在建立无人机路径规划模型前,要对无人机的飞行环境进行设计,以及对其运动进行介绍。无人机可在小于 7 级的海风环境下飞行,其所处环境的状态利用补偿扩张状态观测器(extended state observer, ESO)来估计,获得风对无人机运动影响的数据,并将状态数据反馈给控制器,用以调整状态输出,使无人机稳定飞行,关于 ESO 的详细用法与公式见参考文献[139]。

1. 无人机飞行环境设计

无人机路径规划的目标是在复杂环境和多约束状态下找到通往目的点的最佳路径,无人机飞行空间数学形式可表示为 $\{(x,y,z)\mid x_{\min}\leqslant x\leqslant x_{\max},y_{\min}\leqslant y\leqslant y_{\max},z_{\min}\leqslant z\leqslant z_{\max}\}$。

无人机在飞行过程中,可能会遇到类似岛体的障碍物。规划的飞行路径要求无人机不可穿越岛体,并且与岛体保持安全距离。一座岛的简化数学模型表示如下[140]:

$$z_k^m = h_k \cdot \exp\left(\frac{(x_k^m - x_k^{m0})^2}{x_k^t} + \frac{(y_k^m - y_k^{m0})^2}{y_k^t}\right) \tag{3.1}$$

此外,在穿透条件下飞行的无人机,可能面临高风险的威胁。本书中将干扰雷达检测视为风险威胁。由于雷达的防御范围是全向的,因此雷达威胁的数学形式为 $T_k = (x_k^r, y_k^r, z_k^r, R_k)$。

2. 无人机运动学与目标搜索模型

许多无人机都配有先进的适航技术与智能辅助设备,如高精度动态三维信息处理器、地理信息系统、惯性导航系统等。为简洁地表示无人机的飞行状态,且不失一般性描述,在研究中,假设无人机借助自动驾驶仪在固定高度飞行,$z(t) = H$,其中 H 是一个常数。具有四个自由度的无人机的连续化运动学方程可表示如下:

$$\begin{cases} \dot{x} = v\cos\varphi \\ \dot{y} = v\sin\varphi \\ \dot{\varphi} = \omega \\ \dot{v} = a \end{cases} \tag{3.2}$$

在无人机协同目标搜索过程中,目标被搜索到的概率为 $p(i,j)$,并且 $p(i,j)$ 是根据贝叶斯准则进行更新的。无人机传感器检测到错误的概率为 p_f,目标检测概率为 p_d,且二者都在 0 到 1 的范围内。如果无人机在环境单元格 (i,j) 中搜索,并在时间 k 中找到目标,单元格在时间 $k+1$ 的目标概率更新如下:

$$p_{k+1}(i,j) = \frac{p_d p_k(i,j)}{p_d p_k(i,j) + p_f(1 - p_k(i,j))} \tag{3.3}$$

如果在单元格中没有找到目标,则目标存在概率将根据以下等式进行更新:

$$p_{k+1}(i,j) = \frac{(1-p_{\mathrm{d}})p_k(i,j)}{(1-p_{\mathrm{d}})p_k(i,j)+(1-p_{\mathrm{f}})(1-p_k(i,j))} \tag{3.4}$$

如果环境信息大于阈值 θ_p，则假设目标存在于单元格中，有

$$\psi_k(i,j) = \begin{cases} 1, & p_k(i,j) > \theta_p \\ 0, & \text{否则} \end{cases} \tag{3.5}$$

$\psi_k(i,j)=1$ 表示环境中有目标，$\psi_k(i,j)=0$ 意味着没有目标。对于每个时间步，环境不确定性更新如下：

$$x_{k+1}(i,j) = \frac{1}{2^n}x_k(i,j) \tag{3.6}$$

式中，n 为访问二维空间划分出的总单元格 N 的次数。

3. 无人机路径规划模型

获得可行的无人机机组飞行路径是一个具有多约束的复杂优化问题。无人机的路径约束包括路径距离、地形威胁、雷达威胁、无人机之间的碰撞威胁。无人机路径规划的评估函数 f 表示如下：

$$f = f_{\mathrm{L}} + f_{\mathrm{T}} + f_{\mathrm{R}} + f_{\mathrm{C}} \tag{3.7}$$

$$f_{\mathrm{L}} = \sum_{i=2}^{N_w} \frac{\sqrt{(x_i-x_{i-1})^2+(y_i-y_{i-1})^2+(z_i-z_{i-1})^2}}{\sqrt{(x_{N_w}-x_1)^2+(y_{N_w}-y_1)^2+(z_{N_w}-z_1)^2}} \tag{3.8}$$

$$f_{\mathrm{T}} = \sum_{i=2}^{N_w}\sum_{j=1}^{n} A_{i,j}, A_{i,j} = \begin{cases} 1, & z_{i,j} \leqslant z_{k,i,j}^m \\ 0, & \text{否则} \end{cases} \tag{3.9}$$

$$f_{\mathrm{R}} = B_{i,j}, B_{i,j} = \begin{cases} (\delta/D_{i,j})^4, & D_{i,j} \leqslant R_k \\ 0, & \text{否则} \end{cases}, D_{i,j} = \sqrt{(x_{i,j}-x_k^r)^2+(y_{i,j}-y_k^r)^2+(z_{i,j}-z_k^r)^2} \tag{3.10}$$

$$f_{\mathrm{C}} = \sum_{i=2}^{N_w}\sum_{j=1}^{n} C_{i,j}, C_{i,j} = \begin{cases} 1, & d_{i,j} \leqslant \overline{d} \\ 0, & \text{否则} \end{cases} \tag{3.11}$$

式(3.7)为单目标路径规划模型的整合形式。式(3.8)为最小的飞行路径距离成本模型，该模型认为较短的飞行路径距离，不仅能够减少能源消耗，还可使无人机快速完成飞行任务。为凸显路径距离因素的重要性，使用路径距离比率(path length ratio, PLR)来评估路径距离成本[141]，且 PLR 始终满足 $f_{\mathrm{L}} \geqslant 1$，其值越小，路径距离越短。式(3.9)为障碍物成本模型，若使无人机安全飞行，要求规划路径不得穿过障碍物，并与障碍物保持安全距离；若障碍物在规划出的路径上，则应对该路径方案进行惩罚，使成本增大，最终舍弃该路径。无人机的路径由 i 个点组成，第 $(i-1)$ 个和第 2 个路径点间被分成 n 段，表示为 $(x_{i,j}, y_{i,j}, z_{i,j})$。分段数 n 反映了计算成本和路径精度之间的关系，根据不同情况进行设置，n 越大，则计算精度越高，但也较为耗时。式(3.10)为雷达威胁成本模型，当无人机飞入干扰雷达范围时，可能会面临被干扰并导致失控的现象，则要求无人机绕开全向雷达覆盖的球状区域。航路点和雷达中心保持的距离越长，无人机被发现的可能性就越小，当不存在雷达干扰时，该项成本为 0。式(3.11)为无人机之间的碰撞成本模型，当无人机的数量为 1 时，不考虑此项成本。

3.2.3　无人船路径规划模型

在建立无人船路径规划模型前,要对无人船的航行环境进行设计,对其运动进行介绍。无人船所处环境的状态利用补偿扩张状态观测器来估计,获得水流与风对无人船运动干扰的数据,并将状态数据反馈到控制器中,用以调整状态的输出,使无人船稳定航行。关于 ESO 的详细用法与公式见参考文献[139]。

1. 无人船环境设计

无人船的航行环境为时变洋流的漂移场,对漂移场中水流速度与无人船的状态描述表示如下:

$$v_c = [v_{cx}(x,y,t), v_{cy}(x,y,t)]^T \tag{3.12}$$

$$\begin{cases} v_x = v\cos\psi + v_{cx}(x,y,t) \\ v_y = v\sin\psi + v_{cy}(x,y,t) \\ v \pm v_c > 0 \end{cases} \tag{3.13}$$

$$\varphi(x,y) = 1 - \tanh\left(\frac{y - B(t)\cos(k(x-ct))}{(1 + k^2 B(t)^2 \sin^2(k(x-ct)))^{1/2}}\right) \tag{3.14}$$

$$\begin{cases} v_{cx}(t) = -\dfrac{\partial\varphi}{\partial y} \\ v_{cy}(t) = \dfrac{\partial\varphi}{\partial x} \end{cases} \tag{3.15}$$

式(3.12)为地球坐标系中在水平与竖直方向的水流速度。式(3.13)为无人船的速度分解与实际速度约束。式(3.14)为模拟水流的数学模型,它是具有时变分布自东向西的喷流,$B(t)$ 为根据时间变化的无量纲函数,$B(t) = B_0 + \varepsilon\cos(\omega t + \beta)$,其中,$B_0$、$\omega$、$\beta$、$k$、$c$ 为在每个整数积分时间内更新的时变海流场,可自行设定[142]。式(3.15)为水流在水平与竖直方向的数值求偏导的计算。

2. 动力学方程

在路径规划问题中,无人船的导航可以看作是在二维平面上具有六个自由度形式的刚体运动,忽略了升沉、滚动、俯仰,无人船的动力方程表示如下:

$$\begin{cases} m_{USV}(\dot u - vr - x_G r^2) = X & \text{前行} \\ m_{USV}(\dot v + ur + y_G r^2) = Y & \text{摇摆} \\ I_Z \dot r + m_{USV} x_G(\dot v + ur) = N & \text{偏航} \end{cases} \tag{3.16}$$

式(3.16)为运动学模型,该模型描述了控制对象的运动状态,以及每个驱动单元之间的关系。同时,运动学模型还描述了被控对象的运动和驱动单元输入力与力矩的关系。在仿真时,将输入变量植入 Simulink 模块中,通过求导计算可获得控制变量,从而得到无人船前向航行的运动状态。

3. 无人船路径规划模型

本章研究的无人船路径规划问题为多目标问题(multi-objective problem, MOP)[143],MOP 包含多个目标限制,且各个约束之间相互独立。为解决此类问题,需要找到所有目标

之间的最佳权衡,通用的最小化多目标问题的数学模型表示如下:

$$\text{Minimize } F(x) = \{f_1(x), f_2(x), \cdots, f_m(x)\}, m \geq 2 \qquad (3.17)$$

$$\text{Subject to } nq_i(x) \geq 0, i = 1, 2, \cdots, z \qquad (3.18)$$

$$q_i(x) = 0, i = 1, 2, \cdots, k \qquad (3.19)$$

$$L_i \leq x_i \leq U_i, i = 1, 2, \cdots, p \qquad (3.20)$$

其中,式(3.17)为多目标问题整合形式。式(3.18)为不等式约束。式(3.19)为等式约束。式(3.20)为变量空间上限与下限。

在单目标问题中,当试图仅优化一个函数时,容易获得最佳解决方案。如果在最小化问题中,方案 A 比方案 B 好,说明方案 A 可获得比方案 B 更小的目标值。但是,在 MOP 中,找到一种可以同时优化所有目标的解决方案是非常难的。方案 A 更好或更主导方案 B,说明方案 A 可在至少一个目标函数中提供更好的价值,而其他目标是近似等价的。因此,帕累托最优解为给定的多目标问题提供了最佳解决方案,它代表了目标之间的最佳权衡[144]。

将 MOP 数学形式与无人船的路径结合,以路径最短、平滑度最大、能耗最小三个目标,建立无人船的非线性多目标路径规划模型,其表达形式如下:

$$\text{Minimize } F(x) = \{f(L), f(\theta), f(E)\} \qquad (3.21)$$

$$L = \min \sum_{i=1}^{m} \sqrt{(x_{s_i} - x_{s_i-1})^2 + (y_{s_i} - y_{s_i-1})^2} \qquad (3.22)$$

$$\theta = \min \sum_{i=1}^{m} \left(\max \left(\frac{abs(\theta_{s_i+1} - \theta_{s_i}) \cdot 180}{pi} \right) \right), \text{且 } \theta_{s_i} = atan \left(\frac{y_{s_i} - y_{s_i-1}}{x_{s_i} - x_{s_i-1}} \right) \qquad (3.23)$$

$$E = \min \sum_{i=1}^{m} \frac{s_i}{V + v_c} Q \qquad (3.24)$$

式(3.21)为三个目标的整合形式。式(3.22)为最短路径距离函数,路径越短越有助于快速完成航行任务。式(3.23)为平滑度最大目标函数,平滑度大的路径有利于机体操作与机动性拓展,便于无人船的速度控制,减少侧翻风险。此外,为简化计算,将平滑度转化成最小的形式表示。式(3.24)为最小能耗函数,当运动方向与水流方向保持相近时,尽管航行路径距离增加,但亦可降低无人船的航行能耗。

3.3 算 法 设 计

PSO 算法的优势在于编译简单容易实现,并且没有太多的参数需要调整。通过粒子个体的简单行为,群体内的信息交互实现问题求解的智能性。由于 PSO 算法操作简单、收敛速度快,因此在函数优化、图像处理、大地测量等众多领域都得到了广泛应用。

然而,随着应用范围的扩大,PSO 算法存在早熟收敛、维数灾难、易于陷入局部极值等问题需要解决。PSO 算法的改进主要从以下几个方面进行:

第一,调整 PSO 算法的参数来平衡算法的全局探测和局部开采能力。

第二,设计不同类型的拓扑结构,改变粒子学习模式,从而提高种群的多样性。

第三,将 PSO 算法和其他优化算法(或策略)相结合,形成混合 PSO 算法。

第四,采用小生境技术。小生境是模拟生态平衡的一种仿生技术,适用于多峰函数和多目标函数的优化问题。

此处我们利用多种方式共同调整参数来逐步提升 PSO 算法的优化能力,使其在搜索与求解过程中表现出较好的能力。

3.3.1　无人机路径规划算法

无人机的路径规划问题为单目标数学模型,提出的改进 PSO 算法求解,可获得较为精确的飞行路径,标准的 PSO 算法公式表示如下:

$$v^{k+1} = wv^k + c_1 r_1 (P_b - x^k) + c_2 r_2 (P_g - x^k) \tag{3.25}$$

$$x^{k+1} = x^k + v^{k+1} \tag{3.26}$$

式(3.25)为粒子速度的更新方式。式(3.26)为粒子位置的更新方式。

标准 PSO 算法在求解优化问题中已经被广泛地认为存在一定的不足,主要包括:

第一,粒子更新只取决于个体最优位置与全局最优位置,而忽略其他粒子位置所覆盖的信息,这样会导致粒子多样性降低,搜索易陷入局部最优。

第二,搜索与收敛只由固定学习因子决定,无法实现有效平衡,导致搜索性能下降,获得解的精确度低。

第三,固定的权重系数使搜索粒子的全局遍历性降低,易发生搜索停滞,且无法跳出局部最优,较难获得最优解。

因此,需要融合一些改进来进一步提升 PSO 算法的性能。

本章中,结合四种机制对标准的 PSO 算法进行改进,它们分别是分享平均最优位置、混沌映射、线性化学习因子、动态权重。改进后的 PSO 算法被称为混沌共享粒子群优化(cha-otic and share particle swarm optimization, CSPSO)算法。

1. 分享平均最优位置

在速度迭代中引入平均最优位置,使粒子的速度更新不再局限于个体最优与全局最优。该方法可提高算法粒子的全局搜索能力与协作能力。此外,由图 3.2(a)可知,引入平均最优位置后,搜索区域 B 要大于 A,这表明粒子的搜索范围比先前的机制更大,粒子的速度更新公式改写如下:

$$v^{k+1} = wv^k + c_1 r_1 (P_b - x^k) + c_2 r_2 (P_g - x^k) + c_3 r_3 (P_{mbest} - x^k) \tag{3.27}$$

$$c_3 = 1 + \frac{T_i}{T_m} \tag{3.28}$$

$$P_{mbest} = \frac{1}{M} \sum_{i=1}^{M} P \tag{3.29}$$

其中,式(3.27)为改进后算法粒子速度更新方式。式(3.28)为分享学习因子的计算方式。式(3.29)为平均适应度的计算方式。

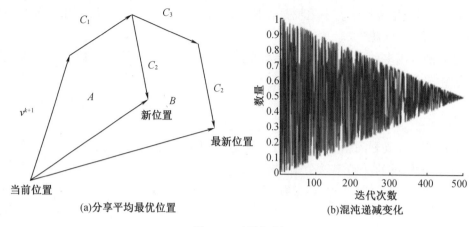

(a)分享平均最优位置 　　　(b)混沌递减变化

图3.2　改进机制

2.混沌映射

混沌图具有遍历性强、非重复性强、敏感性高等特点。混沌遍历方式可以使粒子以更高的速度执行垂直搜索,防止搜索粒子陷入局部最优,减少过早收敛的可能性[127]。

此外,经多次数值测试试验发现,混沌递减策略所获得的速度权重带来的优化效果好于混沌变化。如图3.2(b)所示,混沌递减策略在搜索的前期获得了最优权重,后期权重下降,便于算法收敛,减少搜索浪费,则权重w表达公式如下:

$$w = A \cdot \sin(\pi T_{i-1}) \cdot \frac{(T_m - T_i)}{T_m}, \quad 0 < A \leqslant 1 \tag{3.30}$$

3.线性化学习因子

PSO算法的搜索行为在求解优化的前半阶段占主导,而收敛行为在优化的后半阶段占主导[144]。算法的学习因子公式如下:

$$c_1 = c_{max} - \frac{(c_{max} - c_{min}) T_i}{T_m} \tag{3.31}$$

$$c_2 = c_{min} + \frac{(c_{max} - c_{min}) T_i}{T_m} \tag{3.32}$$

其中,c_1与c_2分别以线性递减与递增的方式变化来迎合算法的搜索与收敛行为,使这两个阶段的学习因子发挥其最大的学习效能。

4.动态权重

动态权重能够平衡粒子的位置与速度更新,当搜索粒子远离全局最优解时,通过增大权重的方式,使粒子加速,改变粒子运动速度的大小与方向,使其靠近最优解;反之,当粒子靠近最优位置时,使粒子减速,防止其逃离,最终在全局最优处收敛。动态权重机制在粒子位置更新公式中可表示如下:

$$x^{k+1} = a \cdot x^k + (1-a) \cdot v^{k+1} + w \cdot P_g \cdot a \tag{3.33}$$

$$a = \frac{\exp(f(j)/u)}{(1 + \exp(-f(j)/u))^{T_i}} \tag{3.34}$$

其中,式(3.33)为改进后算法粒子位置更新方式。式(3.34)为动态权重的计算方式。

启发式算法获得的路径通常是不平滑的连续折线。因此,引入一些线性拟合方程将曲率不连续的折线处理成平滑曲线,例如 RTS 平滑器、贝塞尔曲线、三次 B 样条曲线等。针对本章计算的无人机飞行导航路径,使用的是三次 B 样条曲线将折线拟合为曲率连续的平滑曲线,该路径可确保无人机飞行的稳定性,并符合无人机动力学约束。

B 样条曲线是从贝塞尔曲线中演变而来的,继承了贝塞尔曲线几何不变性、保凸性、仿射不变性等优点,并且容易操作[48]。B 样条曲线可以是一个贝塞尔曲线,但贝塞尔曲线是 B 样条曲线的特例。B 样条曲线满足贝塞尔曲线的所有重要性质,并且 B 样条曲线提供了比贝塞尔曲线更灵活的控制机制。B 样条曲线与贝塞尔曲线相比,具有更好的平滑处理效果,且无论增加多少转折点,多项式的阶数都不会增加。拟合式样如图 3.3 所示。

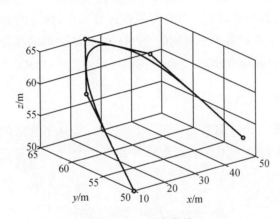

图 3.3　B 样条曲线

B 样条曲线的基本混合函数表示如下[48]:

$$P(u) = \sum_{i=0}^{n} d_i N_{i,k}(u) \tag{3.35}$$

式中,$d_i(i=0,1,\cdots,n)$ 是控制点;$N_{i,k}(u)$ 是 k 阶归一化 B 样条曲线函数,该函数生成由 Cox-deBoor 递归公式定义如下:

$$\begin{cases} N_{i,k}(u) = \begin{cases} 1, & u_i \leqslant u \leqslant u_{i+1} \\ 0, & \text{否则} \end{cases} \\ N_{i,k}(u) = \dfrac{u-u_i}{u_{i+k}-u_i} N_{i,k-1}(u) + \dfrac{u_{i+k+1}-u}{u_{i+k+1}-u_{i+1}} N_{i+1,k-1}(u) \\ \text{define} \quad \dfrac{0}{0} = 0 \end{cases} \tag{3.36}$$

$N_{i,k}(u)$ 是每个区间的分段多项式,且满足

$$\sum_{i=0}^{n} N_{i,k}(t) \equiv 1 \tag{3.37}$$

基本函数由参数节 $u_0 \leqslant u_1 \leqslant \cdots \leqslant u_{n+k}$ 的非递减序列确定。

3.3.2　无人船路径规划算法

无人船的路径规划为非线性多目标数学模型,利用本章提出的改进 QPSO 算法能够快

速获得质量较高,且符合多目标约束的导航路径。标准的 QPSO 算法表达式如下:

$$x^{k+1}=v^{k+1}\pm w \cdot \mid P_{mbest}-x^k \mid \cdot \ln\left(\frac{1}{u}\right) \tag{3.38}$$

$$P_{mbest}=\frac{1}{M}\sum_{i=1}^{M}P \tag{3.39}$$

$$v^{k+1}=\frac{c_1r_1P_b+c_2r_2P_g}{c_1r_1+c_2r_2} \tag{3.40}$$

式(3.38)为搜索粒子位置更新方式。式(3.39)为平均适应度值的计算。式(3.40)为速度更新方式。

QPSO 算法具有搜索不确定性与随机性的特点,使得算法在高维问题中很难获得最优解。本章给出的多目标路径规划模型具有高维度计算特点,标准的 QPSO 算法很难满足求解需要。因此,提出了融合四种改进机制的 QPSO 算法,改进后的算法命名为自适应的量子粒子群优化(adaptive-quantum particle swarm optimization, A-QPSO)算法,提出的四种改进机制具体如下。

1. 自适应性权重

自适应性权重在搜索的前期变化较慢,取值较大,维持了算法的全局搜索能力;在后期,权重变化较快,较大地提升了算法的全局收敛能力,能够获得较好的优化效果,权重 w 表达式如下:

$$w=w_{max}-(w_{max}-w_{min})\left(\frac{T_i}{T_m}\right)^2 \tag{3.41}$$

2. 自适应性学习因子

QPSO 算法的搜索原理与 PSO 算法类似,搜索行为在优化过程的前半阶段占主导,而收敛行为在后半阶段占主导。自适应性变化的方式比线性方式更好地迎合了搜索与收敛行为,使算法粒子具有更好的学习能力,学习因子表达式如下:

$$c_1=c_{max}-(c_{max}-c_{min})\left(\frac{T_i}{T_m}\right)^2 \tag{3.42}$$

$$c_2=c_{min}+(c_{max}-c_{min})\left(\frac{T_i}{T_m}\right)^2 \tag{3.43}$$

3. 种群多样化

在迭代过程中,由于搜索粒子的多样性降低,搜索易陷入局部最优。为此,添加学习因子 c_3 使粒子种群多样性增加。当部分粒子陷入局部最优后,其他粒子可继续执行搜索。QPSO 算法粒子速度更新公式修改表示如下:

$$v^{k+1}=\frac{c_1r_1P_b+c_2r_2P_g+c_3r_3P_{mbest}}{c_1r_1+c_2r_2+c_3r_3} \tag{3.44}$$

4. 阈值筛选

在求解最大值问题时,粒子初始化后,如果粒子的适应度值大于设定的阈值 T_{max},则这些粒子被称为活性粒子,并保留到下一次迭代中,同时舍弃掉小于 T_{max} 的粒子。通过该操作,可以将计算种群扩大,提升求解的准确性,而对计算时间影响较小。反之,在求解最小

值问题时,阈值设置为 T_{min},筛选操作与求解最大值问题类似。阈值筛选的公式描述表示如下:

$$T_{max} = \max(F(n)) + (\max(F(n)) - \min(F(n))) \cdot R \qquad (3.45)$$

$$T_{min} = \min(F(n)) + (\max(F(n)) - \min(F(n))) \cdot R \qquad (3.46)$$

式(3.45)为求解最大值问题阈值计算。式(3.46)为求解最小值问题阈值计算。

此外,在算法求解完成后,会获得多个 Pareto 前沿解,利用拥挤距离的方法筛选出所需数量的解[145],拥挤距离公式表达如下:

$$CD = \sum_{i=1}^{obj} \frac{|f_{i+1} - f_{i-1}|}{F_{max} - F_{min}} \qquad (3.47)$$

式中,CD 为拥挤距离(crowding distance,CD);obj 为目标总数;f_{i+1} 为第 $i+1$ 个粒子在目标函数中的值,f_{i-1} 与其同理;F_{max} 为粒子在目标函数中的最大适应度值;F_{min} 为最小适应度值。

如果要在前沿解中获得一个最为满意的结果,可通过权重倾向设置的方式完成最终的筛选,针对本章中的多目标问题的筛选规则公式表示如下:

$$S = p_1 \cdot \frac{L_i}{L_{max}} + p_2 \cdot \frac{\theta_i}{\theta_{max}} + p_3 \cdot \frac{E_i}{E_{max}} \qquad (3.48)$$

式中,S 为选择路径的计算指标,其值越小越好;p 为自行设定的权重系数,$p_1 + p_2 + p_3 = 1$;L_i 为获得前沿解中的路径距离;L_{max} 为获得的前沿解中的最大距离;θ_i 为获得的前沿解中的平滑角度;θ_{max} 为获得的前沿解中的最大平滑角度;E_i 为获得的前沿解中的能耗;E_{max} 为获得的前沿解中的最大能耗。

3.4　数值算例分析

本节中的路径规划分为两部分,第一部分为根据单目标函数与算法,获得无人机目标任务点搜索飞行路径;第二部分为根据单目标函数与算法,获得无人船航行路径。

3.4.1　无人机路径规划仿真计算与分析

无人机参数设置:岛体数量为 7;运动空间为 1 000 m×1 000 m×40 m;风速为 6.0~10 m/s;空气阻力系数为 0.5;专业级无人机飞行速度为 15 m/s。

对比算法参数设置:

CSPSO 算法:$M = 50$,$T_m = 600$,w 为混沌递减变化,c_1、c_2、c_3 根据式(3.28)至式(3.32)确定。

CDWPSO、OLPSO-L、LFPSO 算法:$M = 50$,$T_m = 600$,$w = 1.0 \sim 0.0$,$c_1 = c_2 = 2$[140,145-146]。

PSO-GA:$M = 50$,$T_m = 600$,$w = 0.8$,$c_1 = c_2 = 2$,交叉与变异概率为 0.8[147]。

OPSO 算法:$M = 50$,$T_m = 600$,$w = 0.9 \sim 0.4$,$c_1 = c_2 = 2$[141]。

PSO 算法:$M = 50$,$T_m = 600$,$w = 0.8$,$c_1 = c_2 = 2$[123]。

　　设置的无人机飞行起点与终点,以及 CSPSO 算法求解的飞行路径如图 3.4 所示,通过三维图与二维映射图进行展示。根据图像可知,算法结合 B 样条曲线后给出的无人机飞行路径曲率连续且平滑,能够绕开所有障碍物到达指定地点。部分路径曲率较小,类似直线形状,说明路径成本较低,路径质量高,适合无人机飞行。此外,再用 6 个对比算法对无人机路径规划问题进行求解,获得仿真结果在二维平面上展示,如图 3.5 所示。

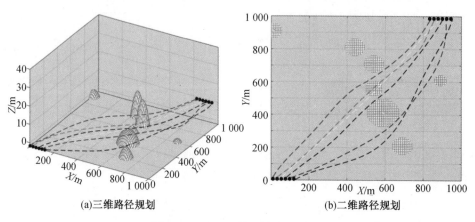

(a)三维路径规划　　　　　　　　(b)二维路径规划

图 3.4　CSPSO 算法的路径规划

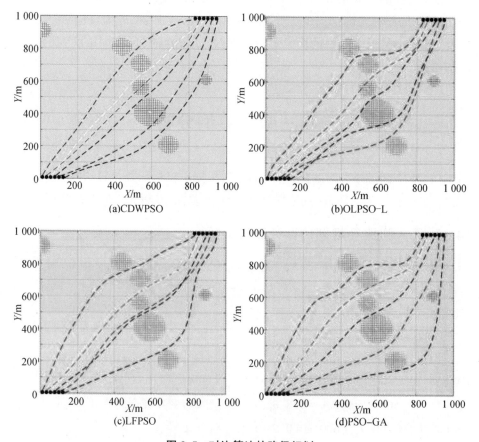

(a)CDWPSO　　　　　　　　(b)OLPSO-L

(c)LFPSO　　　　　　　　(d)PSO-GA

图 3.5　对比算法的路径规划

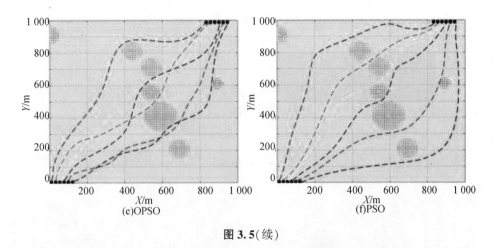

图 3.5(续)

以上的 CSPSO 算法与 6 个对比算法都获得了无人机编队的导航路径,并且这些路径中都融合所设计的四项路径成本。然而,由于算法效率的不同,不同算法给出的总的路径成本也不同,CSPSO 算法与 6 个对比算法的路径成本以数值的方式列于表 3.1。

表 3.1　CSPSO 算法与对比算法的路径成本

项目	CSPSO	CDWPSO	LFPSO	OLPSO-L	PSO-GA	OPSO	PSO
无人机 1	1.03	1.11	1.10	1.11	1.10	1.26	1.52
无人机 2	1.03	1.04	1.09	1.05	1.05	1.10	1.33
无人机 3	1.02	1.02	1.09	1.06	1.07	1.11	1.11
无人机 4	1.02	1.03	1.09	1.05	1.08	1.12	1.11
无人机 5	1.06	1.07	1.09	1.07	1.10	1.17	1.43
无人机 6	1.08	1.11	1.11	1.12	1.16	1.19	1.56
F	6.24	6.38	6.57	6.46	6.56	6.95	8.06
IP/%	22.58	20.84	18.49	19.85	18.61	13.77	N/A
t/s	61	75	56	101	105	81	66

注:F 是 6 架无人机的路径成本之和,无单位;IP 为每个算法相对 PSO 算法的提升比率;t 为计算时间。

在表 3.1 中,用 PLR 值的方式展示 CSPSO 算法与 6 个对比算法所求得的路径成本。提出的 CSPSO 算法相对 PSO 算法,路径成本提升 22.58%,路径成本之和 $F = 6.24$,达到对比算法中最小值。说明提出的算法求解无人机路径规划是较为有效的。CDWPSO 算法提升效果也较为明显,相对 PSO 算法提升 20.84%,该算法在 PSO 算法中融合动态权重与混沌变化两种规则。在图 3.5 中,CDWPSO 与 LFPSO 算法给出的路径转向角度较小,路径曲率变化小。其他的改进算法相对标准的 PSO 算法都有提升,但 CSPSO 算法要优于所有对比算法。

3.4.2　无人船路径规划仿真计算与分析

无人船参数设置:不规则障碍物为 4 个;航行空间为 1 000 m×1 000 m;海流状态为 2

种;无人船速度为 5 m/s;流体黏度为 0.6;水流速度 $v_c = [(-200x - 0.4ty) \times 10^{-6}, (0.4tx - 200y) \times 10^{-6}]^T$;起点为(80,80),终点为(900,800)。

对比算法参数设置如下:

A-QPSO:$M = 50$,$T_m = 600$,w、c_1、c_2 按式(3.37)式(3.40)设置,$c_3 = 2$。

NSGA-Ⅱr、NSGA-Ⅱ、SPEA2:$M = 50$,$T_m = 600$,交叉与变异概率为 0.8[148]。

MOPSO:$M = 50$,$T_m = 600$,$w = 0.8$,$c_1 = c_2 = 1.499\ 5$[149]。

A-QPSO 算法求解了两种洋流环境下的无人船路径方案,求解结果如图 3.6 所示。

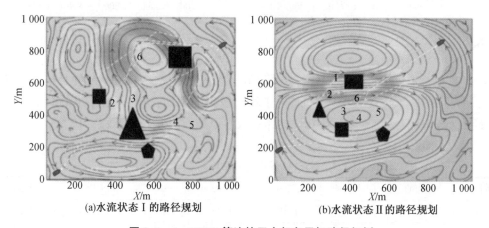

(a)水流状态Ⅰ的路径规划　　　　　　(b)水流状态Ⅱ的路径规划

图 3.6　A-QPSO 算法的无人船多目标路径规划

在图 3.6 中,显示的路径为 A-QPSO 算法求解多目标路径规划模型后,利用式(3.43)保留的 6 个拥挤距离较大的路径解,所含目标约束信息如表 3.2 所示。

表 3.2　水流状态Ⅰ与Ⅱ的前沿路径

路径	水流状态Ⅰ				水流状态Ⅱ			
	L/m	$\theta/(°)$	E	p:0.5/0.3/0.2	L/m	$\theta/(°)$	E	p:0.5/0.3/0.2
1	1 283	121	**37.55**	685.31	982	50	29.98	512.00
2	1 235	104	39.00	656.50	994	86	29.09	528.62
3	**1 080**	**23**	40.50	555.00	950	39	30.25	492.75
4	1 141	45	39.35	**591.87**	1 098	114	**27.68**	588.74
5	1 238	108	38.66	659.13	1 001	69	29.3	527.06
6	1 193	117	38.92	639.38	**916**	**6**	30.68	**465.94**

注:加粗数字是最小值;L 为路径距离;θ 为平滑角度;E 为能耗,无单位。

根据表 3.2 所示,水流状态Ⅰ中的路径 3 与水流状态Ⅱ中的路径 6 为拥挤距离最大的路径,这两条路径的距离与平滑度值是最优的,可以作为该洋流状态下最满意的一条路径。说明较大的拥挤距离路径可更大程度上融合多个目标约束的特征,获得的解更科学。此外,再根据权重倾向公式进行计算,水流状态Ⅰ中的路径 4 与水流状态Ⅱ中的路径 6 符合倾

向 p 的设置,同时也满足多目标约束。因此,对多目标问题中最优解的选择可根据实际情况进行设定,并且会存在倾向选择与拥挤距离同时指向一个最优解的现象,例如水流状态 Ⅱ 中的路径 6。

再利用 4 个对比算法在洋流状态 Ⅱ 中进行多目标的路径规划仿真,产生的路径规划结果如图 3.7 所示。

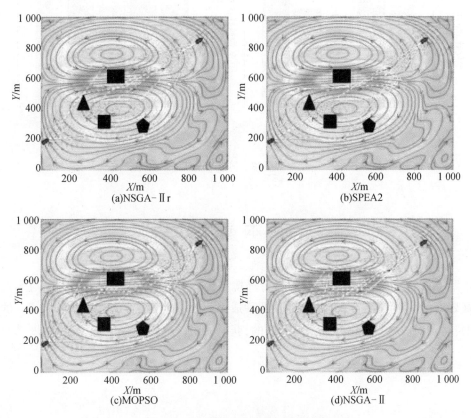

图 3.7　对比算法的多目标路径规划

据图 3.7 可知,在洋流状态 Ⅱ 下对比算法求解的部分路径与图 3.6(b)中 A-QPSO 算法获得的路径 1、2、6 方案相似。其中,NSGA-Ⅱr 算法的计算效果与 A-QPSO 算法相似,但 NSGA-Ⅱr 算法路径遍历空间大,说明解的收敛能力不足。SPEA2 与 NSGA-Ⅱ算法尽管保留了有效路径,但路径解发生聚集,说明算法获得的前沿解多样性降低,对目标约束的融合能力不足。MOPSO 算法在解的多样性上表现很好,但给出的路径方案距离长,且平滑度小,路径的质量在总体上是最不好的。综合以上分析,A-QPSO 算法的求解本章多目标规划模型的效果是最好的。

此外,将每个算法运行 10 次,得到平均计算时间与平均迭代次数,如图 3.8 所示。A-QPSO 算法在平均计算时间上与平均迭代次数上都表现较好。尽管 SPEA2 算法的计算速度较快,但该算法在之前的图 3.7 中表现出可行解发生聚集线性,说明解的质量较低。MOPSO 平均迭代次数较少,主要原因为其算法结构简单,但获得路径解在距离与平滑度上表现要差于 A-QPSO 算法。因此,提出的 A-QPSO 算法在求解多目标问题时,其求解质量、计算速度、平均迭代次数等方面表现相对较好,比较适合本书构建的非线性多目标路径规划模型的求解。

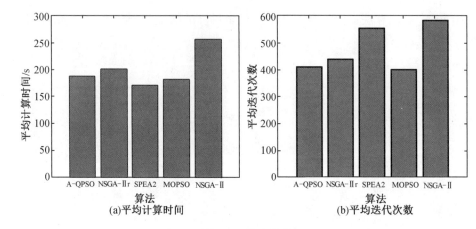

图 3.8　算法表现

3.5　本 章 小 结

本章中,结合无人机与无人船的运行环境与机体特点,分别建立了无人机与无人船的路径规划模型,并针对模型特点,设计了两种适用的改进启发式算法,并进行求解。仿真算例表明,建立的模型与提出的算法是有效的,获得的路径质量高,并且计算速度快。

第4章 目标任务点已知的无人机与无人船联合作业路径规划

在指定海域内,由无人机与无人船共同完成目标任务点已知的复杂海上作业。由于任务点数量多、分布广,根据无人机与无人船的负载能力、续航能力、任务特点等,对联合作业进行任务分配,建立联合作业路径规划模型,并对无人船的航向角与航行路径进行最优导航控制,使二者以成本低与时间短的方式完成任务。

4.1 目标任务点已知的无人机与无人船联合作业问题描述

以图4.1为例,利用无人机与无人船联合完成目标任务点已知的海上作业。符号●、△、○为海上作业必须经过的任务点,且坐标已知。由于无人机与无人船的负载能力和所处环境不同,符号△代表由无人船负责投放的质量较大的物体的任务点,符号●代表由无人机负责投放的质量较小的物体的任务点,符号○代表不限制投放载体的任务点,符号□代表联合载体出发位置,可根据实际情况进行设定。

本章研究适用于海上物资运输与分配,以及无人机和无人船的联合调度方面的工作。无人机与无人船联合作业模式如图4.1所示。

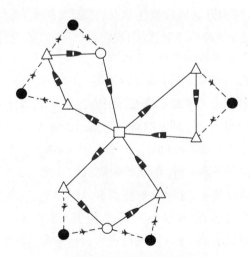

图 4.1 联合作业路径规划

以图4.1展示的联合作业为例,根据任务需求与联合载体的执行能力,建立了无人机与无人船联合作业路径规划模型,并设计了无人船航行的最优导航控制方法,本章主要工作如下:

(1)以任务点需求特点、无人船负载能力、无人机续航能力、时间控制等为约束,建立了联合作业总成本最小的混合整数规划模型,获得二者联合作业路径规划方案,降低执行任务的成本与时间,提高作业效率;

(2)结合船体运动学模型与刚体动力学方程,对无人船的航向角与路径进行最优导航控制,使无人船在给定的两任务点间以时间最短的方式航行;

(3)提出了混合遗传操作的PSO算法,利用多种群遗传算法对PSO算法初始化后的联合路径进行交叉、变异、筛选等操作,获得较为精确的联合任务路径方案。算例表明,本章提出的算法具有较好的求解精度与速度。

4.2　符号定义与模型构建

4.2.1　符号定义

符号定义如下:

$B=\{1,2,3,\cdots,b\}$:总投放任务点的集合;

$B^*\subseteq B$:无人机投放任务点的集合;

$D=\{0,b+1\}$:无人船路径的起点与终点,是不连续的两个点,无人船不许依次通过;

$N=\{0,1,\cdots,b,b+1\}$:所有任务点的集合,包括无人船路径的起点与终点;

$N_0=\{0,1,2,\cdots,b\}$:无人船离开投放点的集合,包括无人船路径的起点,且$i\in N_0$;

$N_+=\{1,2,\cdots,b+1\}$:无人船到达任务点的集合,包括无人船路径的终点,且$j\in N_+$;

$Z^+(i)=N_+\backslash\{i\}$:无人船从$i$到达其他投放任务点的集合,且不包括$i$;

$Z^-(i)=N_0\backslash\{i\}$:无人船离开其他投放任务点后到达$i$的集合,且不包括$i$;

$A=\{(i,j):i\in N_0,j\in Z^+(i)\}$:一对连续投放目标任务点的集合;

$V=\{1,2,\cdots,m\}$:无人船数量的集合,且$v\in V$;

L_{ij}^D:无人机从投放目标任务点i到j的飞行距离,且$i\in N_0,j\in N_+$;

L_{jk}^D:无人机从投放目标任务点j到k的飞行距离,且$i\in N_0,k\in N_+$;

L_{ik}^v:无人船从投放目标任务点i到k的航行距离,且$i\in N_0,k\in N_+$;

t_{ij}^v:无人船从投放目标任务点i到j的飞行时间,且$i\in N_0,j\in N_+$;

t_{ij}^D:无人机从投放目标任务点i到j的航行时间,且$i\in N_0,j\in N_+$;

c_{ij}^v:无人船从投放目标任务点i到j的航行成本,且$i\in N_0,j\in N_+$;

c_{ik}^v:无人船从投放目标任务点i到k的航行成本,且$i\in N_0,k\in N_+$;

c_{ij}^D:无人机从投放目标任务点i到j的飞行成本,且$i\in N_0,j\in N_+$;

c_{ik}^D:无人机从投放目标任务点i到k的飞行成本,且$i\in N_0,k\in N_+$;

Q:无人船携带物体的容量;

q_i:投放目标任务点i的需求量,且$i\in B$;

t_e：无人机飞行续航时间；

te_i^v：无人船在目标任务点 i 处执行任务的时间，且 $i \in B$；

te_i^D：无人机在目标任务点 i 处执行任务的时间，且 $i \in B^*$；

t_{sl}：发射无人机所需时间，可自行设置；

t_{sr}：回收无人机所需时间，可自行设置；

M：一个足够大的数；

$P = \{i, j, k\}$：无人机从目标任务点 i 到 j，再到 k 处的集合，其中一个单元 $s = \langle i, j, k \rangle$；

k：回收无人机的位置，且 $k \in \{N_+ : i \neq j, k \neq i, k \neq j, t_{sl} + t_{sr} + t_{ij}^D + t_{jk}^D + te_i^D \leqslant t_e\}$；

P_i^+：所有无人机在 P 中的起飞次数；

P_k^-：所有无人机在 P 中的回收次数；

P_j：所有无人机在 P 中投放物体的次数；

x_{ij}^v：0 或 1 变量，无人船从投放目标任务点 i 航行到 j 时，该值等于 1，且 $i \in N_0, j \in N_+$；

x_{ik}^v：0 或 1 变量，无人船从投放目标任务点 i 航行到 k 时，该值等于 1，且 $i \in N_0, k \in N_+$；

x_{ijk}^v：0 或 1 变量，无人船依次在投放目标任务点 i、j、k 航行时，该值等于 1，且 $i \in N_0, j \in N_+$；

P_{ij}^v：0 或 1 变量，无人船将物体投放到目标任务点 i 后，再向 j 航行时，该值等于 1；

y_s^v：0 或 1 变量，无人机与无人船共同完成连续的 i、j、k 点的投放任务时，该值等于 1；

u_i^v：无人船航行路径上的投放任务点，且 $u_i^v \geqslant 0, v \in V$；

t_i^v：无人船到达投放任务点 i 的时间，且 $t_i^v \geqslant 0, v \in V$；

t_i^{tv}：无人机离开无人船到达投放任务点的时间，且 $t_i^{tv} \geqslant 0, v \in V$；

s_{ij}：两个投放任务点间的距离，且 $(i, j) \in V$。

4.2.2　联合作业模型构建

无人机与无人船完成联合投放任务的最小成本 MIP 模型表示如下：

$$\min C = \sum_{v \in V} \left\{ \sum_{(i,j) \in A} (c_{ij}^v + c_{jk}^v) x_{ijk}^v + \left[\sum_{s \in P} (c_{ij}^D + c_{jk}^D) y_s^v + \sum_{(i,k) \in A} c_{ik}^v x_{ik}^v \right] \right\} \tag{4.1}$$

约束条件为

$$\sum_{v \in V} \sum_{i \in Z^-(j)} x_{ij}^v + \sum_{v \in V} \sum_{s \in P_j} y_s^v = 1, \quad \forall (i,j) \in B, i \neq j \tag{4.2}$$

$$\sum_{j \in N_+} x_{0,j}^v = 1, \quad \sum_{i \in N_0} x_{i,b+1}^v = 1, \quad \forall v \in V \tag{4.3}$$

$$s_{0,b+1} = s_{b+1,0} = 0 \tag{4.4}$$

$$\sum_{i \in Z^-(j)} x_{ij}^v = \sum_{k \in Z^+(j)} x_{jk}^v, \quad \forall v \in V, j \in B \tag{4.5}$$

$$u_i^v - u_j^v + 1 \leqslant (b-1)(1 - x_{ij}), \quad \forall i \in B, j \in \{N_+ : j \neq i\} \tag{4.6}$$

$$u_k^v - u_i^v \geqslant 1 - (b+1)\left(1 - \sum_{j \in B} y_{ijk}\right), \quad \forall i \in B, k \in \{N_+ : k \neq i\} \tag{4.7}$$

$$\sum_{j \in B} \sum_{k \in \Delta^+(j)} q_j x_{jk}^v + \sum_{j \in B} \sum_{s \in P_j} q_j y_s^v \leqslant Q, \quad \forall v \in V \tag{4.8}$$

$$\sum_{s \in P_i^+} y_s^v \le 1, \quad \sum_{s \in P_i^-} y_s^v \le 1, \quad \forall v \in V, k \in N_+, i \in N_0 \tag{4.9}$$

$$2y_s^v \le \sum_{h \in Z^+(i)} x_{ih}^v + \sum_{l \in Z^-(k)} x_{lk}^v, \quad \forall v \in V, s = \langle i,j,k \rangle \in P \tag{4.10}$$

$$u_i^v - u_j^v \ge 1 - (b+1)P_{ij}^v, \quad \forall i \in B, j \in \{B:j \ne i\} \tag{4.11}$$

$$u_i^v - u_j^v \le -1 + (b+2)(1 - P_{ij}^v), \quad P_{ij}^v + P_{ji}^v = 1, \quad \forall i \in B, j \in \{B:j \ne i\} \tag{4.12}$$

$$3L_{ik}^v > L_{ij}^D + L_{jk}^D > L_{ik}^v \tag{4.13}$$

$$t_i^v + t_{ij}^D + t_{sl} - \sum_{s \in P_i^+} y_s^v \le M - t_j'^v, \quad \forall v \in V, (i,j) \in A \tag{4.14}$$

$$t_j'^v + t_{jk}^D + te_j^D + t_{sr} - \sum_{s \in P_k^-} y_s^v \le M - t_k'^v, \quad \forall v \in V, j \in B, k \in Z^+(j) \tag{4.15}$$

$$t_i^v - t_i'^v \le M\left(1 - \sum_{s \in P_i^+} y_s^v\right), \quad \forall v \in V, i \in N_0 \tag{4.16}$$

$$t_i^v + t_i'^v \ge M\left(1 - \sum_{s \in P_i^+} y_s^v\right), \quad \forall v \in V, i \in N_0 \tag{4.17}$$

$$t_k^v - t_k'^v \le M\left(1 - \sum_{s \in P_k^-} y_s^v\right), \quad \forall v \in V, k \in B \tag{4.18}$$

$$t_k^v + t_k'^v \ge M\left(1 - \sum_{s \in P_k^-} y_s^v\right), \quad \forall v \in V, k \in B \tag{4.19}$$

$$t_k'^v - t_e - t_i'^v \le M\left(1 - \sum_{s \in P_i^+ \cap P_k^-} y_s^v\right), \quad \forall v \in V, i \in N_0, k \in N_+ \tag{4.20}$$

$$t_k'^v - t_b'^v \le M\sum_{s \in P_i^+} y_s^v, \quad \forall v \in V, i \in N_0, k \in N_+, b \in B \setminus \{b\} \tag{4.21}$$

式(4.1)为投放任务总成本最小目标函数,在该函数中,当第一项成本不为0,第二项与第三项成本为0时,说明无人机不参与投放任务,无人船依次完成i、j、k三个目标任务点的投放任务;当第一项成本为0,第二项与第三项成本不为0时,无人机从经过目标任务点i的无人船上出发到目标任务点j完成一个投放任务,再由j飞行到经过目标任务点k的无人船回收,而无人船直接由i航行到k完成两个目标任务点的投放任务。约束(4.2)确保设置的每一个目标任务点都能够投放指定的物体。约束(4.3)要求所有运载无人船必须最多离开初始位置一次,以及要求所有运载无人船必须最多返回终止位置一次。约束(4.4)将投放任务的起点与终点位置作为无人船路径上的两个不连续的点,无人船不可以在这两个点间移动,此外,根据任务部署情况,起点与终点可以是同一个位置点,也可以不是。约束(4.5)中定义无人船运载的物体总数等于联合投放物体数量。约束(4.6)为去除无人船带有子回路的路径。约束(4.7)表示如果无人机从i处发射并在k处回收,则无人船必须在k之前访问i。约束(4.8)为无人船总的运载容量限制。约束(4.9)要求无人机最多可以从每个节点发射和回收一次。约束(4.10)确保无人机分别在i处发射,在j处完成投放任务,之后在位置k处回收,运载无人船也将以时间同步的方式依次经过i与k,并且要求完成投放任务,且不允许空投。约束(4.11)与约束(4.12)中定义了运载无人船投放顺序,如果无人船在到达i后再到达j,则有$uvi>0$,且$Pvij=1$,否则为$uvi=0$,该约束下无人机不参与投放任务。约束(4.13)为无人机执行任务路径距离范围,如果无人机的飞行路径超出该约束,则由无人船来完成任务,以免无人机因续航能力不足而发生坠落。约束(4.14)与约束(4.15)为无人机根据无人船的位置完成投放物体的最低时间限制。约束(4.16)至约束(4.19)是无人船与无人机的时间同步设置,在完成任务后返回基地时不需要该约束。约束(4.20)保证无人机的续航时间是足够的。约束(4.21)为避免无人机在已飞行的路线上执行新的投放任务。

在约束(4.16)至约束(4.20)中,M 是一个足够大的数,应大于或等于无人机和无人船返回初始或指定位置的最迟时间。由于无法提前确定 M 的最小值,利用本章提出的算法计算无人船到达所有投放任务点并返回或到达指定位置所需时间上限来获得。

4.3　无人船最优导航控制

为使无人船快速地完成航行任务,利用最优控制理论,来获得无人船的最优航向角与路径,使无人船以时间最短的方式在两个给定位置间航行。无人船在静水中的速度 $v(t)$ 受负载影响,其取值为

$$v(t) = v_{\max} - s_r(t)/L \tag{4.22}$$

式中,$v_{\max}$ 为无人船空载时最大速度;$s_r(t)$ 是无人船在 t 时携带的物体的数量;L 为负载常数。随着船上投放物体的减少,v 逐渐增大。因此,无人船输出速度 $v(t)$ 的范围表示如下:

$$v(t) \in \left\{ v_{\max}, v_{\max} - \frac{1}{L}, v_{\max} - \frac{2}{L}, \cdots, v_{\max} - 1 \right\} \tag{4.23}$$

无人船的最小输出速度 $v_{\min}$ 为

$$v_{\min} = v_{\max} - 1 \pm v_{c\max} \tag{4.24}$$

式中,$v_{c\max}$ 为水流的最大速度,水流速度随时间变化,当无人船顺流航行时取正,反之取负。假设 $v_{\min}$ 始终是一个大于 0 的数,则无人船可以在足够时间内到达给定的所有任务点。因此,在本章其余部分中,将采用该假设进行持续说明。

图4.2 给出了船体结构与运动参数,合理控制无人船航行角度与路径,不仅能够确保无人船平稳地前行与转向,还能以时间最短的方式完成航行任务。

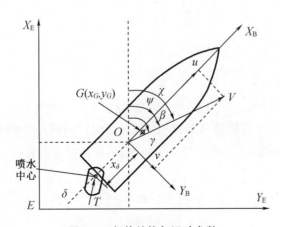

图 4.2　船体结构与运动参数

无人船的导航控制是根据速度与角度进行计算的,无人船的速度方程表示如下:

$$\dot{x} = v(t)\cos\psi + v_{cx}(x,y,t)$$
$$\dot{y} = v(t)\sin\psi + v_{cy}(x,y,t) \tag{4.25}$$

式中,$\dot{x}$、$\dot{y}$ 分别为无人船在地球坐标系中 X_E 与 Y_E 方向的实际速度,是单位时间位移的导数;ψ 为艏摇角;$v(t)$ 为无人船 t 时刻的输出速度;v_{cx}、v_{cy} 分别为水流在地球坐标系 X_E 与 Y_E 方向的速度。

对于无人船而言,滚转、俯仰与垂向运动一般不可控[121]。因此,根据参考文献[121]建立的坐标系中,忽略无人船的滚转、俯仰与垂向运动,无人船的刚体动力学方程表示如下:

$$\begin{cases} m(\dot{u} - y_G\dot{r} - vr - x_Gr^2) = X_\Sigma \\ m(\dot{v} + x_G\dot{r} + ur - y_Gr^2) = Y_\Sigma \\ I_{zz}\dot{r} + m[x_G(\dot{v} + ur) - y_G(\dot{u} - vr)] = N_\Sigma \end{cases} \tag{4.26}$$

式中,u、v、r 分别为无人船在船体坐标系中的前向速度、侧滑速度、转向角速度;X_Σ、Y_Σ、N_Σ 分别为作用在无人船上的合外力与合外力矩;m 与 I_{zz} 分别为无人船的质量与转动惯量;(x_G, y_G) 为质心坐标。

假设 1 在克服水流干扰的情况下,任何时刻无人船的最小速度满足 $v_{min} > 0$,以确保无人船正常航行。在该假设下,每艘无人船都可以从任何给定位置航行到其他目标位置,航行时间取决于计划路径与相关导航规则,则讨论如下。

定理 1 在假设 1 的条件下,根据公式(4.25)的速度方程可知,无人船在漂移场内任何给定两个连续位置间都是以时间最短的方式航行的,无人船最优导航角 ψ^* 的变化率 $\dot{\psi}^*$ 须满足如下:

$$\dot{\psi}^* = -\frac{\partial v_{cx}(x,y,t)}{\partial y}\cos^2\psi^* + \left(\frac{\partial v_{cx}(x,y,t)}{\partial x} - \frac{\partial v_{cy}(x,y,t)}{\partial y}\right)\sin\psi^*\cos\psi^* +$$
$$\frac{\partial v_{cy}(x,y,t)}{\partial x}\sin^2\psi^* \tag{4.27}$$

证明 1 令 t_0 和 t_f 分别为起始与到达时间,最小化行驶时间的目标函数表达式如下:

$$J = \int_{t_0}^{t_f} dt = t_f - t_0 \tag{4.28}$$

相应的 Hamiltonian[150]方程如下:

$$H(t, [x,y]^T, \boldsymbol{\lambda}, \psi) = 1 + \boldsymbol{\lambda}^T[\dot{x}, \dot{y}]^T$$
$$= 1 + \lambda_1[v(t)\cos\psi + v_{cx}(x,y,t)] + \lambda_2[v(t)\sin\psi + v_{cy}(x,y,t)] \tag{4.29}$$

式中,$\boldsymbol{\lambda} = [\lambda_1, \lambda_2]^T$ 是二维拉格朗日乘数[151]。从最优控制理论中的变分分析最小原理可知[137],最优拉格朗日乘数 $\boldsymbol{\lambda}^*$ 和最优导航角 ψ^* 都需满足如下方程:

$$\dot{\boldsymbol{\lambda}}^* = -\frac{\partial H}{\partial[x,y]^T} \tag{4.30}$$

$$0 = \frac{\partial H}{\partial\psi^*} \tag{4.31}$$

由于式 (4.31) 适用于所有 $t \geqslant t_0$ 的情况,它的右侧时间导数也必须是零,则有

$$\dot{\lambda}_1^* \sin \psi^* + \lambda_1^* \dot{\psi}^* \cos \psi^* = \dot{\lambda}_2^* \cos \psi^* - \lambda_2^* \dot{\psi}^* \sin \psi^* \qquad (4.32)$$

与式 (4.29) 获得的结果相结合,则有

$$\dot{\lambda}_1^* = -\lambda_1^* \frac{\partial v_{cx}(x,y,t)}{\partial x} - \lambda_2^* \frac{\partial v_{cy}(x,y,t)}{\partial x}$$

$$\dot{\lambda}_2^* = -\lambda_1^* \frac{\partial v_{cx}(x,y,t)}{\partial y} - \lambda_2^* \frac{\partial v_{cy}(x,y,t)}{\partial y} \qquad (4.33)$$

当 $t_f - t_0$ 最小化时,式 (4.27) 必须保持在最优导航控制角 ψ^* 下。

根据假设 1 与两个指定位置的坐标,可知导航角 ψ。因此,最优导航角 ψ^* 总是存在的。定理 1 给出了一个 $\dot{\psi}^*$ 必要条件。确定初始方位 $\psi^*(0)$ 后,可通过对 t 积分计算,得到最佳导航角 $\psi^*(t)$,且 $t > 0$。但是,要确定具有初始位置 $[x_0, y_0]^{\mathrm{T}}$ 和结束位置 $[x_f, y_f]^{\mathrm{T}}$ 的 $\psi^*(0)$,则两个点的距离等于速度对时间的积分,则有

$$\begin{cases} x_f - x_0 = \int_{t_0}^{t_f} \left\{ v(t) \cos \left[\psi(0) + \int_{t_0}^{t} \dot{\psi}^* \, \mathrm{d}\tau \right] + v_{cx}(x,y,t) \right\} \mathrm{d}t \\ y_f - y_0 = \int_{t_0}^{t_f} \left\{ v(t) \sin \left[\psi(0) + \int_{t_0}^{t} \dot{\psi}^* \, \mathrm{d}\tau \right] + v_{cy}(x,y,t) \right\} \mathrm{d}t \end{cases} \qquad (4.34)$$

通过几个连续的点即可确定 $\psi^*(0)$ 的值。

4.4　混合 PSO-GA 设计

PSO 算法是通过对生物个体极值和群体极值的学习,来对优化问题进行方案求解或极值寻优。虽然 PSO 算法的搜索操作简单,且能够快速收敛,但随着迭代次数增加,粒子种群会集中收敛,导致各粒子的相似度越来越高,极易在局部最优解处完成收敛,所以获得的极值并不是全局最优解[123]。为此,本节将 PSO 算法与遗传算法相结合,把 PSO 算法初始化的粒子分成多个子种群,在每个子种群中引入遗传算法的交叉、变异、全局基因交换等操作,来获得优化问题的最优解。通过算法之间的优势互补,克服了 PSO 算法搜索后期收敛精度低与遗传算法搜索速度慢的缺点。两算法混合的操作流程如图 4.3 所示。

关于 PSO 算法与遗传算法的基本介绍详见参考文献[123]与参考文献[151]。两种算法混合后命名为混合粒子群的遗传算法(hybrid particle swarm optimization and genetic algorithm, PSO-GA),具体操作步骤如下。

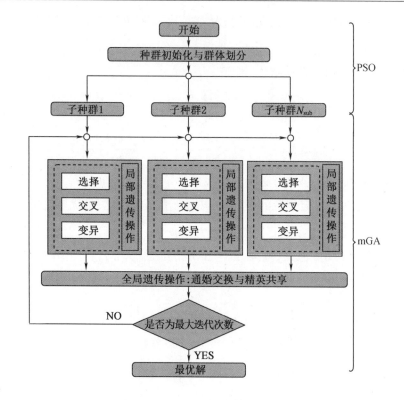

图 4.3　PSO-GA 的操作流程

4.4.1　个体编码

粒子个体采用整数编码的方式,每个粒子表示无人机与无人船联合投放所有物体的路径方案。根据保留的粒子数量,将算法初始化后获得的粒子分成若干个子种群,对每个种群的内部进行遗传算法的各项操作。

4.4.2　个体选拔

粒子的适应度值表示为联合投放路径方案的路径距离,用于路径成本核算。将一个粒子作为一条染色体,重复式地随机选择两个染色体,然后选择一个更适合的染色体,直到所选染色体的数量达到初始种群数量的80%,舍弃的20%为适应度值过高的粒子,即路径成本过高的路径方案。该操作可以提升计算速度,减少搜索的浪费。

4.4.3　基因交叉

新一代染色体被生成后,开始执行基因重组操作,其基本思想是父代以较高的交叉概率 P_c 将其最好的基因传递给子代染色体,以提高种群的存活率与多样性。根据经典的两点交叉机制,如果随机产生 0~1 范围内的值小于 P_c,则发生交叉操作,具体表述如下:

首先,随机选择两条没有经过交叉操作的染色体,形成一个交配的父代对。

其次,随机产生两个交叉整数点 cp_1、cp_2 和一个接收点 rp,用于两对父代的基因交换,如图 4.4(a)所示。与仅替换两个交配父代的交换基因区段的二进制编码染色体的交叉算子不同,该编码中染色体在接受交换基因之前需要删除一些基因,原因是每个投放任务点在一条染色体中只应出现一次,确保所有投放点会得到分配的投放物体,避免同一目标任务点被分配多个投放任务,并保证投放点的总数始终不变。

最后,如果出现两个交配的父代基因序列相同,这种交叉策略就不会有任何改进。因此,采用了一种交叉操作符,即使两个交配父代相同,也能产生不同的后代。当选择两个交配父代时,先要进行验证操作,判断两个父代是否相同。如果两个父代的基因序列不同,使用交叉操作 Ⅰ。否则,则采用交叉操作 Ⅱ,将交换的基因片段插入染色体的前面,操作展示如图 4.4(b)所示。

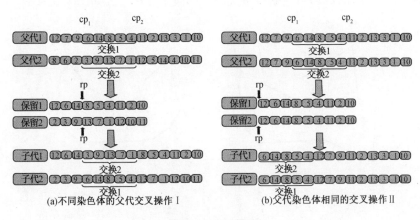

(a)不同染色体的父代交叉操作 Ⅰ　　　　　(b)父代染色体相同的交叉操作 Ⅱ

图 4.4　交叉操作

4.4.4　基因变异

基因变异操作可以防止算法搜索停留在局部最小值处,从而避免早期收敛现象的发生。对于二进制编码的染色体,突变操作较为简单,它只需要将突变基因值从 0 变为 1,或者由 1 变为 0。然而,对于整数编码的染色体来说,每个目标任务点在一条染色体中应该只出现一次,所以比较困难。因此,采用交换染色体中两个基因的位置来进行变异过程。如果一个随机产生的数值范围从 0 到 1,小于突变概率 P_m,则一条染色体随机产生两个突变位置 m_1 和 m_2,染色体就会对这两个位置的基因进行交换,如图 4.5 所示。

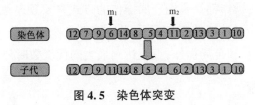

图 4.5　染色体突变

4.4.5　全局操作

为了使不同的子群体共同进化,传统遗传算法的所有子群体在每一代都共享全局表现最好的个体,这种方式被称为精英共享机制。除了使用精英共享外,本节还提出了通婚交换策略,以保持子种群之间的染色体能够信息交换。

1. 通婚交换

对于每个子群体 $N_z(z=1,\cdots,N_{sub})$,从中随机选择 N_c 个个体。然后,将选定的个体进行交叉操作。最后,将交叉产生的 N_c 个个体后代再插入每个子种群。

2. 精英共享

通过保留全局表现最佳的染色体,精英共享机制能够提高遗传算法求解的精确性。在每一代中,从被认定为精英的子种群中收集全局最佳个体,并在各个种群中共享。在每个要添加精英的子种群中,全局最佳染色体将替换最差染色体。新的染色体即为新的粒子,具有一个相应的适应度值。如果产生新粒子的适应度小,则更新保留,直至产生最好的粒子。更新的粒子为所需投放路径,获得最优路径的整个操作过程如图 4.6 所示。

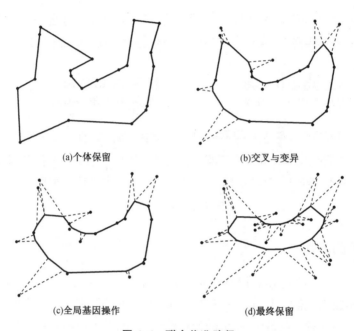

(a)个体保留 　　　　　　　　 (b)交叉与变异

(c)全局基因操作 　　　　　　　 (d)最终保留

图 4.6　联合作业路径

4.4.6　终止条件

在迭代过程中,遗传操作都是采用全局操作的方式来实现基因信息交换的。如果未达到最大迭代次数,则每个子种群将保留其由本地算子和全局算子产生的染色体。然后,子种群不断地接受局部操作和全局操作,直至达到最大迭代次数时停止搜索计算。

4.4.7　禁忌搜索

在每一代计算中,把所用无人船与无人机在每个染色体(路径)中的两个连续目标任务点(相邻基因)之间行驶的投放成本(适应度)与时间都计算出来是较为耗时和浪费计算资源的。因此,使用禁忌搜索矩阵 $\boldsymbol{T}_m$ 记录所有无人船的航行信息,禁忌矩阵 $\boldsymbol{T}_m(i)$ 的每一个行为表示如下:

$$\boldsymbol{T}_m(i)=[\boldsymbol{c}_p,\boldsymbol{g}_p,v(t),s_t,e_t,n_a] \tag{4.35}$$

式中，c_p 和 g_p 分别代表无人船当前位置和目标位置的二维行向量；$v(t)$ 是无人船速度；s_t 和 e_t 是无人船从 c_p 到达 g_p 的两个地球坐标的距离成本；n_a 是无人船初始的导航角度。

然后，在时变洋流中计算每个染色体的每个路径中两个连续目标任务点之间的最小成本。在计算前，先检查无人船的当前状态 c_p、g_p、$v(t)$ 是否记录在 T_m 中，并且在时变洋流中，也要检查每个无人船的 c_p、g_p、$v(t)$、s_t。如果这些信息已经记录在 T_m 中，将直接使用两点间距离公式计算距离成本；反之如果没有被记录，则计算出距离成本后放在禁忌搜索矩阵中更新，用以确保计算信息不丢失。

4.5 数值算例分析

本节的仿真分为两部分。第一部分：设置中等规模例子，用无人机与无人船联合投放方案与单独使用无人船完成投放任务进行对比。第二部分：随机生成多种类型算例并求解，来验证提出的模型与算法的有效性。

PSO-GA 设置：$M=60$；$T_m=300$；$c_1=c_2=2$，w 为正弦混沌变化。遗传算法的子种群数量为 5，子种群的规模与 PSO 算法初始化的结果有关。遗传算法中交叉概率为 0.8，变异概率为 0.2。为获得无偏差 CPU 比较，所有试验均在 Window10 Intel(R)Core(TM)i5-4590 CPU @ 3.30 GHz 8+64 G 系统中进行。

无人机与无人船的相关参数如表 4.1 所示。

表 4.1 无人机与无人船的相关参数

序号	名称	参数	序号	名称	参数
1	无人机发射时间	1 min	8	无人机平台型号	专业型-负载 25 kg
2	无人机回收时间	1 min	9	无人船容量	1.3 t
3	无人船投放物体时间	1 min	10	无人船质量	4~5 t
4	无人船速度	20~30 km/h	11	无人机容量	80 kg
5	无人机速度	33~50 km/h	12	燃料价格	11 元/L
6	无人机续航时间	50 min	13	燃料消耗	4.5 L/km
7	无人船平台型号	AutoNaut-5m	14	无人机成本	无人船的 8%~10%

4.5.1 中小规模算例

设置 4 艘无人船与 4 架无人机，每艘无人船携带一架无人机来完成联合投放任务。由无人机投放轻质物体，无人船投放任何类型的物体。物体位置如表 4.2 所示，加粗字体为重型物体，必须由无人船来投放。起点与终点都为 (50,50)，在 100 km×100 km 的网格内完成协作任务。此外，为便于成本计算，结合无人机的租赁成本、能源消耗等，无人机的单位飞行距离成本是无人船的 8%~10%。

表4.2　联合任务投放信息

起点与终点		投放点	x	y	投放点	x	y	投放点	x	y	投放点	x	y
(50, 50)	(50, 50)	1	42	56	1	60	70	1	30	40	1	60	28
		2	35	60	2	60	80	2	25	32	2	68	20
		3	30	56	3	70	85	3	20	30	3	70	5
		4	26	65	4	60	98	4	11	20	4	80	0
		5	20	73	5	82	100	5	20	20	5	90	12
		6	23	76	6	90	82	6	20	10	6	78	16
		7	25	85	7	85	70	7	30	0	7	69	20
		8	32	80	8	80	70	8	30	15	8	82	30
		9	40	80	9	80	60	9	45	11	9	85	42
		10	40	70	10	70	55	10	40	30	10	68	40

根据表4.2所设置的目标任务点,以联合的方式进行投放物体,利用PSO-GA求解出最小成本的联合投放路径方案与单独使用无人船的路径方案,获得结果展示如图4.7所示。

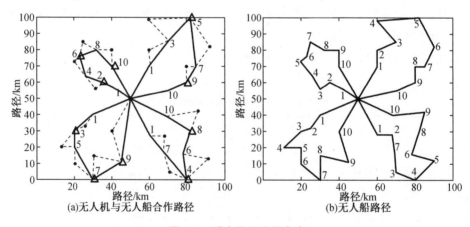

(a)无人机与无人船合作路径　　　　(b)无人船路径

图4.7　联合作业路径方案

在图4.7(a)中,实线代表无人船航行路径,虚线代表无人机飞行路径。4艘无人船航行总路径长为471 km,无人机飞行距离为416 km,总成本为25 373元。图4.7中(b)为单独使用4艘无人船投放的航行路径,航行距离共672 km,总成本为31 036元。在40个投放点任务下,联合投放方式比单独投放的成本降低5 663元,工作时间预计减少1.6 h。算例表明,联合投放方式能够节约成本,并且缩短海上作业时间,更快地完成投放任务。此外,单独使用无人机和单独使用无人船的路径如图4.8所示。

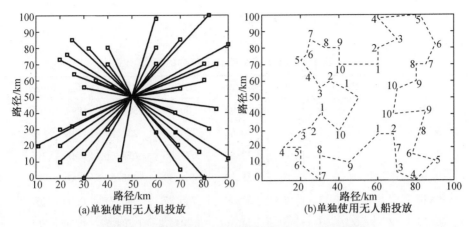

图 4.8　单独使用无人机与单独使用无人船投放路径

在图 4.8(a) 的情况下,由于受到电池续航与负载能力的约束,无人机很难完成所有的投放任务,因此无人机的飞行距离与成本核算不符合实际情况,则不予计算。单独使用 1 艘无人船的航行距离为 535 km,总成本为 29 425 元,工作时间预计 28 h。如果 1 架无人机与无人船联合使用,其路径如图 4.9 所示。

在图 4.9 中,实线表示无人船的航行路径,虚线为无人机的飞行路径。无人机与无人船联合使用成本约为 27 308 元,相对单独使用无人船可节约 2 117 元,联合作业工作预计 20 h 完成,相比单独使用无人船预计节约 8 h。

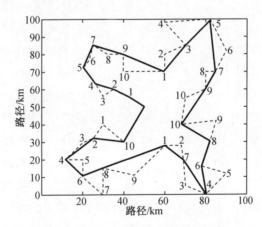

图 4.9　1 架无人机与无人船联合作业路径

4.5.2　其他规模算例

本节中,采用其他规模算例来验证提出的无人机与无人船联合投放任务模型与 PSO-GA 的有效性。计算试验环境与 4.1 节不同,无人机与无人船的出发点与返回点均为无人船运行空间网格坐标(0,0)位置。每一种网格分布的类型,在运动空间中随机生成两种计算实例。投放物体的数量自行设定,所需投放物体的位置是随机生成的。在 10×10、20×20、30×30、40×40 的网格中进行计算,每个算例计算 10 次,获得联合投放成本的最优值、平均值、迭代次数等数据，详细计算结果如表4.3所示。

表4.3 PSO-GA 在 10 min 内的表现

序号	网格	类型	N	n_1	n_2	L_{DV}/km	C/元	C_a/元	C_{sd}	iter	t/s
1	05×05	1	6	3	3	13.92	306.29	306.29	0.00	165	21
2	05×05	2	6	3	3	10.68	234.87	234.87	0.00	178	22
3	10×10	1	6	3	3	30.50	671.06	671.06	0.00	216	39
4	10×10	2	6	3	3	21.29	468.34	468.34	0.00	221	40
5	20×20	1	6	3	3	33.94	746.77	746.77	0.00	367	66
6	20×20	2	6	3	3	54.76	1 204.72	1 204.72	0.00	365	66
7	05×05	1	10	4	6	20.99	461.75	461.75	0.00	225	41
8	05×05	2	10	5	5	18.41	404.92	404.92	0.00	208	27
9	10×10	1	10	5	5	29.49	648.85	648.85	0.00	398	72
10	10×10	2	10	5	5	40.04	880.91	880.91	0.00	365	66
11	20×20	1	10	4	6	56.44	1 241.76	1 241.76	0.00	475	86
12	20×20	2	10	4	6	78.19	1 720.17	1 720.17	0.00	442	80
13	05×05	1	12	6	6	17.42	383.15	383.15	0.00	296	53
14	05×05	2	12	7	5	13.42	295.35	295.35	0.00	289	52
15	10×10	1	12	5	7	33.99	747.73	747.73	0.00	295	53
16	10×10	2	12	6	6	34.03	748.62	748.62	0.00	376	68
17	20×20	1	12	5	7	73.24	1 611.36	1 611.36	0.00	385	69
18	20×20	2	12	4	8	104.87	2 307.19	2 307.19	0.00	371	67
19	05×05	1	20	9	11	22.74	500.19	500.19	0.00	452	81
20	05×05	2	20	8	12	24.77	544.97	544.97	0.00	463	83
21	10×10	1	20	10	10	41.23	907.12	907.12	0.00	489	88
22	10×10	2	20	10	10	39.16	861.62	861.62	0.00	477	86
23	20×20	1	20	10	10	93.11	2 048.37	2 048.37	0.00	546	98
24	20×20	2	20	9	11	95.70	2 105.37	2 105.37	0.00	653	118
25	10×10	1	50	18	32	74.31	1 634.71	1 634.71	0.00	475	86
26	10×10	2	50	21	29	70.80	1 557.62	1 557.62	0.00	493	89
27	20×20	1	50	22	28	132.54	2 915.95	2 915.95	0.00	651	117
28	20×20	2	50	23	27	127.48	2 804.63	2 804.63	0.00	663	119
29	30×30	1	50	24	26	200.53	4 411.57	4 411.57	0.00	574	103
30	30×30	2	50	23	28	190.35	4 187.60	4 187.60	0.00	667	120
31	40×40	1	50	24	26	258.30	5 682.56	5 682.56	0.00	785	141
32	40×40	2	50	21	29	261.48	5 752.61	5 752.61	0.00	774	139

表 4.3(续)

序号	网格	类型	N	n_1	n_2	L_{DV}/km	C/元	C_a/元	C_{sd}	$iter$	t/s
33	10×10	1	100	48	53	86.93	1 912.52	1 912.59	0.03	692	125
34	10×10	2	100	45	55	96.16	2 115.45	2 115.87	0.08	667	120
35	20×20	1	100	44	56	172.49	3 794.88	3 795.25	0.11	813	146
36	20×20	2	100	46	54	179.18	3 941.94	3 940.04	0.15	837	151
37	30×30	1	100	43	57	286.35	6 299.79	6 299.99	0.55	1028	185
38	30×30	2	100	45	55	282.88	6 223.41	6 223.87	0.10	1 162	209
39	40×40	1	100	44	56	369.41	8 126.98	8 127.43	1.11	1173	211
40	40×40	2	100	45	55	392.87	8 643.04	8 643.87	0.18	1 242	224
41	10×10	1	150	71	79	111.44	2 451.59	2 451.97	0.06	656	118
42	10×10	2	150	70	80	104.70	2 303.43	2 303.79	0.11	703	127
43	20×20	1	150	66	84	219.56	4 830.33	4 831.66	0.37	776	140
44	20×20	2	150	69	81	210.87	4 639.20	4 640.69	0.61	822	148
45	30×30	1	150	68	82	329.42	7 247.26	7 248.76	0.33	1662	299
46	30×30	2	150	68	82	332.21	7 308.66	7 309.48	0.26	1 482	267
47	40×40	1	150	69	81	431.18	9 485.89	9 486.71	1.06	2 025	365
48	40×40	2	150	69	84	463.50	10 196.96	10 197.01	0.68	2 164	390
49	10×10	1	200	92	108	127.97	2 815.34	2 815.34	0.00	1 028	185
50	10×10	2	200	90	110	132.13	2 906.84	2 907.43	0.11	933	168
51	20×20	1	200	91	109	268.95	5 916.83	5 917.24	0.26	944	170
52	20×20	2	200	87	113	272.03	5 984.71	5 985.12	0.43	1025	185
53	30×30	1	200	87	113	384.88	8 467.40	8 468.12	0.56	1 996	359
54	30×30	2	200	88	112	415.97	9 151.41	9 151.81	0.21	2 464	444
55	40×40	1	200	91	109	526.08	11 573.70	11 573.70	0.55	3 959	713
56	40×40	2	200	90	110	548.29	12 062.38	12 062.84	0.48	3 556	640

注:N 为投放总量,n_1 为无人机投放数量,n_2 为无人船投放数量,有 $N=n_1+n_2$;L_{DV} 为无人船航行距离加上无人机飞行距离的10%;C 为目标函数的最优值;C_a 为算法对每个事例单独运行10次的成本取平均值;C_{sd} 为10次的成本取标准差;$iter$ 为运行10次平均迭代次数;t 为平均计算时间。

在表4.3中,在投放点数量为6~50时,尽管网格空间变大,计算获得的投放总成本的标准差仍为0,说明提出的算法在小规模算例中计算精度较高,并且用时较短,获得的路径是成本最小的路径,路径的质量较高。在投放点数量相同时,网格空间变大,提出的算法迭代次数与计算时间会有所增加,说明投放空间变化对算法计算具有一定影响,但获得路径质量依然较高。投放点数量在100~200时,无人机与无人船运行的网格空间不变时,求解精度稍有下降,但获得成本值的标准差多数控制在0.5以下,说明多次计算获得的路径成本较低,或者趋近于最低成本,并且获得解的速度较快。

4.6　本　章　小　结

本章中,建立了以成本最小为目标的无人机与无人船联合作业路径规划模型,并设计了 PSO-GA 来求解。此外,还提出了无人船航行角度与路径的最优导航控制规则,确保无人船在航行过程中能够以时间最短的方式航行。仿真试验表明:提出的模型与求解算法是有效的,获得了有效的任务路径方案,降低了作业成本,提高了工作效率。

第5章 目标任务点未知的无人机与无人船联合作业路径规划

在指定海域内,由无人机与无人船共同完成目标任务点未知的复杂海上作业。由于任务点数量多、分布广,故采用无人机搜索并定位目标任务点,并规划出无人船编队航行时间最短的全局路径方案。此外,对无人船在两任务点间的航行进行路径规划,确保其躲避障碍物。

5.1 目标任务点未知的无人机与无人船联合作业问题描述

无人机根据任务需求,搜索并定位目标任务点坐标,将任务坐标与环境信息传送给控制中心,控制中心根据任务情况、无人船数量、环境特点等因素,设计出无人船编队的任务分配规则与路径方案,由无人船前往定位点执行任务。

本章研究适用于海上巡逻、设备回收、海洋测绘等任务。基于无人机与无人船编队执行海上任务的合作框架如图5.1所示。

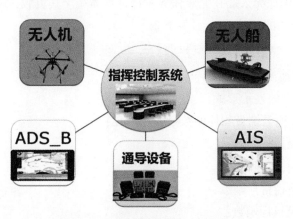

图 5.1 无人机与无人船合作框架

图5.1展示了无人船与无人机的合作框架。ADS_D是广播式自动关联监视系统的简称,由多地面站和机载站构成,以网状和多点对多点方式完成数据双向通信,确保无人机、控制中心、无人船三者之间的通信稳定性。AIS是一种船舶导航设备,它的使用能增强船舶间避免碰撞的安全性。结合辅助设备,无人机与无人船联合可使海上作业完成得更加准确与快速。本章主要工作如下:

（1）在指定海域范围内，先使用无人机搜索并定位多个静态目标任务点，根据无人船执行任务的运载能力、任务量、执行规则等约束，建立以时间最短为目标的无人船编队路径规划模型，获得全局航行的路径规划方案，确保完成所有任务点的航行遍历。

（2）无人船在连续的两任务点间，以路径最短、安全性最高、平滑度最大以及能耗最少为约束，建立非线性多目标路径规划数学模型，获得两任务点间无人船的最佳避碰导航路径，确保安全航行。

（3）针对上述内容，设计融合三种改进机制的 PSO 算法，用于求解无人船编队路径优化模型与多目标路径规划模型，再结合基准函数与特定指标对算法优化性能进行测试。此外，利用 B 样条曲线对算法给出的路径进行拟合，获得曲率连续平滑的无人船航行路径。

5.2　符号定义与模型构建

5.2.1　符号定义

符号定义如下：

V：出发点与任务点的集合，$V=(0,1,\cdots,n)$，且 $i\neq j,(i,j)\in V\backslash\{0\}$；

A：无人船的数量集合，$A=(1,2,\cdots,m)$，且 $k\in A,m\leq n$；

t_{ij}：无人船从任务点 i 航行到任务点 j 所需的时间；

σ_{ijk}：0 或 1 变量，当且仅当第 k 个无人船在 i 与 j 之间行驶时，该值等于 1；

μ_{ik}：0 或 1 变量，当且仅当第 k 个无人船在任务点 i 处通过时，该值等于 1；

M：惩罚因子，以确保无人船在完成任务时携带物体小于其负载；

L：无人船负载能力的正整数；

s_{ij}：任务点 i 与任务点 j 之间的距离；

$\bar{v}$：无人船的平均速度；

$\backslash\{0\}$：去除初始点的表示形式；

s_i：完成所有任务所需携带物体的数量，且 $s_i\leq L$；

f_L：最短距离路径目标函数；

f_{safe}：最安全路径目标函数；

f_θ：最大平滑度路径目标函数；

f_E：最小能耗路径目标函数；

d_{r_si}：无人船规划的路径与障碍物之间的实际距离；

d_{safe_minsi}：无人船规划的路径与障碍物之间的最小安全距离；

d_{safe_maxsi}：无人船规划的路径与障碍物之间的最大安全距离；

si：路径 S 分割产生航迹点的数量，$si=(0,1,\cdots,m)$；

$(x_{si},y_{si}),(x_{si+1},y_{si+1})$：两个连续航路点的坐标；

θ：无人船规划路径上的转向角；

v_U:无人船的速度;

v_O:障碍物的速度;

D:无人船的识别区域;

D^*:障碍物的识别区域;

U:代表无人船;

O:代表障碍物;

$\Delta\theta$:无人船与障碍物之间的角度。

5.2.2　全局任务的路径规划模型

利用有限运载能力的无人船携带一定数量的物体完成全局遍历任务,其全局路径规划模型表示如下:

$$\min T = \sum_{i,j \in V, k \in A} \sigma_{ijk} t_{ij} + M \sum_{k \in A} \max\left\{\sum_{i \in V \setminus \{0\}} s_i \mu_{ik} - L, 0\right\} \tag{5.1}$$

约束条件为

$$\sum_{j \in V, k \in A} \sigma_{0jk} = \sum_{i \in V, k \in A} \sigma_{i0k}, \quad \forall i,j \in V; i \neq j; k \in A \tag{5.2}$$

$$\sum_{j \in V, k \in A} \sigma_{0jk} \neq \sum_{i \in V, k \in A} \sigma_{i0k}, \quad \forall i,j \in V; i \neq j; k \in A \tag{5.3}$$

$$\sum_{i,j \in V} \sigma_{ijk} = \sum_{i,j \in V} \sigma_{jik} = 1, \quad \forall i \neq j; i \in V \setminus \{0\} \tag{5.4}$$

$$\sum_{k \in A} \mu_{ik} = 1, \quad \forall i \in V \setminus \{0\} \tag{5.5}$$

$$t_{ij} = \frac{s_{ij}}{\overline{v}}, \quad \forall i,j \in V \tag{5.6}$$

$$\sum_{k \in A} \sigma_{ik} \leqslant L, \quad \forall i \in V; k \in A \tag{5.7}$$

$$\sum_{j \in V} \sigma_{ijk} = \mu_{ik}, \quad \forall i,j \in V; k \in A \tag{5.8}$$

$$\sum_{i \in V} \sigma_{ijk} = \mu_{jk}, \quad \forall i,j \in V; k \in A \tag{5.9}$$

$$m \geqslant \frac{1}{L} \sum_{i \in V} s_i, \quad \forall i \in V; m \in A \tag{5.10}$$

式(5.1)为最小化无人船编队总航行时间目标函数。约束(5.2)为第一种航行方案,要求无人船完成任务后返回出发点,在 TSP 中定义为对称性模型。约束(5.3)为第二种航行方案,要求无人船完成任务后到达指定地点,在 TSP 中定义为非对称性模型。约束(5.4)要求除了起点外,每个任务点必须只被无人船访问一次。约束(5.5)要求每个目标必须有一艘无人船来执行。约束(5.6)为无人船在连续两任务点间航行时间计算方式。约束(5.7)规定了无人船编队的运载能力限制。约束(5.8)与约束(5.9)确保到达和离开设定的任务点是同一艘无人船。约束(5.10)是无人船的数量与任务量之间的关系。

无人船的航行时间主要由所航行路程与平均速度决定。文中提出的最短时间目标函数结合无人船的平均速度可转化为多主体旅行商问题(multiple traveling salesmen problem,

M-TSP)。

5.2.3 两任务点间路径规划模型

确定无人船编队全局任务点的路径后,对两任务点间的路径则需进行规划。通用的最小化多目标问题的数学模型表示如下[143]:

$$\text{Minimize } F(x) = \{f_1(x), f_2(x), \cdots, f_m(x)\}, m \geq 2 \tag{5.11}$$

$$\text{Subject to } nq_i(x) \geq 0, i = 1, 2, \cdots, z \tag{5.12}$$

$$q_i(x) = 0, i = 1, 2, \cdots, k \tag{5.13}$$

$$L_i \leq x_i \leq U_i, i = 1, 2, \cdots, p \tag{5.14}$$

式(5.11)为多目标问题整合形式。式(5.12)为不等式约束。式(5.13)为等式约束。式(5.14)为变量空间上下限度。

根据水面静态障碍物信息与水流状态,结合通用的最小化多目标数学公式(5.11),以无人船路径最短、安全性最高、平滑度最大以及能耗最少为目标,建立非线性多目标路径规划模型,则数学表达式如下:

$$\min F(x) = \{f(L), f(D), f(\theta), f(E)\} \tag{5.15}$$

$$L = \min \sum_{si=1}^{m} \sqrt{[(x_{si+1} - x_{si})^2 + (y_{si+1} - y_{si})^2]} \tag{5.16}$$

$$D = \min \sum_{si=1}^{m} D_{\text{safe}} = \begin{cases} 1 & d_{r\_si} \leq d_{\text{safe\_min}si} \\ 0 & d_{r\_si} \geq d_{\text{safe\_max}si} \\ \dfrac{d_{r\_si} - d_{\text{safe\_min}si}}{d_{\text{safe\_max}si} - d_{\text{safe\_min}si}} & \text{other} \end{cases} \tag{5.17}$$

$$\theta = \min \sum_{si=1}^{m} \left| a\tan 2\left(\frac{y_{si+1} - y_{si}}{x_{si+1} - x_{si}}\right) - a\tan 2\left(\frac{y_{si} - y_{si-1}}{x_{si} - x_{si-1}}\right) \right| \tag{5.18}$$

$$E = \min \sum_{si=1}^{m} \frac{s_i}{V + v_c} Q \tag{5.19}$$

式(5.15)为多目标函数矩阵整合形式。式(5.16)为每个目标的计算规则,f_L越小,无人船越快完成航行任务;f_{safe}越小,无人船航行越安全;f_θ越小,无人船航行路径上的转向角之和越小,航行越平稳;f_E越小,无人船航行越节能。

上述公式是针对静态障碍物进行的路径规划,获得避碰路径。图5.2显示了无人船与移动障碍物的运动状态。

无人船的避碰过程可定义如下:

(1)当$\{D \cap D^* = \varnothing\}$时,障碍物没有进入无人船的识别区;

(2)当$\{D \cap D^*\} \neq \varnothing$时,无人船和障碍物发生位置的重叠,代表碰撞。

在一般紧急情况下,根据国际海上避碰公约,无人船根据与移动障碍物的位置,可生成三种防撞轨迹,如图5.3所示,避碰规则表述如下。

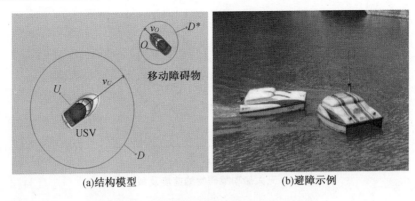

(a)结构模型　　　　　　　　　　(b)避障示例

图 5.2　无人船与移动障碍物的运动状态

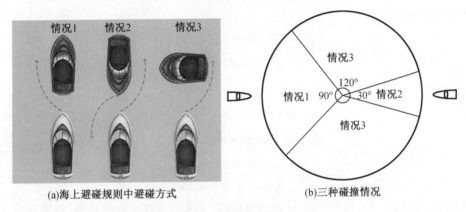

(a)海上避碰规则中避碰方式　　　　　(b)三种碰撞情况

图 5.3　无人船避碰规则

情况 1——超越:无人船和障碍物朝同一方向航行。如果在水平方向的无人船与移动障碍物同向方位角 $\Delta\theta = 30° \sim 90°$,若无人船继续行驶,则定义为情况危险。无人船必须与移动障碍物保持安全距离,并加速从左船舷位置迅速通过。

情景 2——迎面:无人船和障碍物相向航行。如果二者的对向方位角 $\Delta\theta = 0° \sim 30°$,则情况比超越更危险,定义为迎面。移动的障碍物向右侧转向通过无人船的左侧。无人船将向右移动从障碍物的左侧通过,否则它们将相撞。此外,要求无人船始终与障碍物保持安全距离。

场景 3——穿越:如果无人船的对向方位角 $\Delta\theta = 90° \sim 120°$,这种情况也是危险的,它被定义为穿越。移动障碍物保持原来的路线,无人船移动到障碍物的后面,或者无人船停止并继续等待,直到障碍物远离后继续行驶。

根据国际海上避碰公约,以上三种方法可以避免碰撞。但是,一般情况下障碍物不会遵守海上避碰规则,但无人船可以通过改变角度和速度来判断碰撞概率。无人船和障碍物的速度及角度参数如图 5.4 所示。

在图 5.4 中,(v_U, α) 为无人船航行的速度与角度;(v_O, β) 为障碍物的速度与角度;Δv 为无人船速度的变化,通过调整 Δv 与 $\Delta\alpha$ 可使无人船避免碰撞;γ 为确保无人船避免碰撞的偏航角;μ 为无人船转向障碍物的最大安全距离的角度。其他参数:$\alpha = \measuredangle(X, v_U)$;$\beta = \measuredangle(X, v_O)$;$\theta = \measuredangle(X, UO)$;$\gamma = \measuredangle(UO, \Delta v)$;$\varphi = \measuredangle(\Delta v, v_U)$;$\mu = \measuredangle(UO, UT)$。

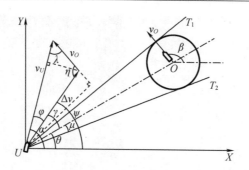

图 5.4　无人船和障碍物的速度及角度参数

如果 $|\gamma| \geq \mu$，无人船与障碍物是可能碰撞的。参数 v_U、v_O、Δv 组成了向量三角形，它们之间的关系表示如下：

$$\begin{cases} v_O\sin(\alpha-\beta) = -\Delta v\sin\varphi \\ v_U - v_O\cos(\alpha-\beta) = \Delta v\cos\varphi \\ v_U^2 + v_O^2 - 2v_U v_O\cos(\alpha-\beta) = \Delta v^2 \\ v_U\sin(\beta-\alpha) = \Delta v\sin\eta \\ v_O - v_U\cos(\beta-\alpha) = \Delta v\cos\eta \end{cases} \tag{5.20}$$

$$\gamma = \tan^{-1}\frac{v_U\sin(\alpha-\theta) - v_O\sin(\beta-\theta)}{v_U\cos(\alpha-\theta) - v_O\cos(\beta-\theta)} \tag{5.21}$$

如果 Δv 在 UT_1 与 UT_2 的两个方向切线之间，无人船需要躲避障碍物，该情况定义为非紧急情况，并且要求 $|\gamma| < \mu$，对公式（5.21）求偏导，则表示如下：

$$d\gamma = \frac{\sin\varphi}{\Delta v}dv_U + \frac{v_U\cos\varphi}{\Delta v}d\alpha + \frac{-\sin\eta}{\Delta v}dv_O + \frac{v_O\cos\eta}{\Delta v}d\beta \tag{5.22}$$

式中，v_O 为障碍物的速度；β 为障碍物的航行角度；$\Delta\gamma$ 为 γ 的变化，$\Delta\gamma$ 能够调整无人船航行的速度与角度。

根据国际海上避碰公约，当无人船躲避障碍物时，需满足 $|\gamma+\Delta\gamma| > \mu$，并且最小化无人船的速度。降低速度变化可以降低惯性风险，使无人船操作更安全。利用本章提出的改进算法来优化 Δv 与 $\Delta\alpha$。Δv 与 $\Delta\alpha$ 定义为算法的两个变量（x_1，x_2），获得避碰条件需满足如下条件：

$$\begin{cases} \frac{\sin\varphi}{\Delta v}x_1 + \frac{v_U\cos\varphi}{\Delta v}x_2 + \frac{-\sin\eta}{\Delta v}dv_O + \frac{v_O\cos\eta}{\Delta v}d\beta \geq \mu-\gamma, \gamma\geq 0 \\ \frac{\sin\varphi}{\Delta v}x_1 + \frac{v_U\cos\varphi}{\Delta v}x_2 + \frac{-\sin\eta}{\Delta v}dv_O + \frac{v_O\cos\eta}{\Delta v}d\beta \geq -\mu-\gamma, \gamma< 0 \end{cases} \tag{5.23}$$

$$f(x_1,x_2) = \min(m_1 x_1 + m_2 x_2) \tag{5.24}$$

式中，（m_1，m_2）为算法的目标函数，通过权重的调整，无人船的速度与轨迹将被改变。搜索粒子的初始角度不受限制，$\Delta\alpha$ 的范围在（$-\pi$，π）之间。如果无人船和障碍物之间的距离很近，则只有在较短的时间内改变轨迹才能避免碰撞。如果 $\Delta\alpha$ 受到限制，目标函数可能得不到解，算法不能得到有效的避碰方案。

受无人船运动能力约束,在一个循环计算中可能无法达到理想 Δv 和 $\Delta \alpha$。假设一个避碰周期为 5 s,所需解为 $\Delta v=0$ 与 $\Delta \alpha=\pi$。理论上讲,无人船是以相同的速度通过障碍物并在 3~5 s 内急转弯的,但在实际应用中,无人船的运动系统很难实现。因此,无人船的运动是受到限制的,限制过程如下。

定义:$\bar{v}_U$ 为无人船的速度限制;$\bar{a}$ 为无人船的加速度;$\bar{w}$ 为改变航向的能力。因此,$\bar{v}_U$、$\bar{a}$、$\bar{w}$ 限制了无人船的运动。如果 $\Delta v > \bar{a}$ 或 $v_U+\Delta v > \bar{v}_U$ 则表示预期加速度大于速度变化的最大极限,或预期速度大于速度限制,则有

$$\Delta \bar{v}_U=\frac{v_U}{|v_U|}\min(\bar{v}_U-v_U,\bar{a}) \tag{5.25}$$

$$\Delta \bar{a}=\begin{cases}\min\left(\bar{w},\max\left(0,\dfrac{(\mu-\gamma)\Delta v+\Delta v_O\sin \eta-v_0\Delta\beta\cos \eta-\Delta v_U\sin \varphi}{\Delta v_U\cos \varphi}\right)\right),\gamma>0\\\max\left(\bar{w},\min\left(0,\dfrac{(-\mu-\gamma)\Delta v+\Delta v_O\sin \eta-v_0\Delta\beta\cos \eta-\Delta v_U\sin \varphi}{\Delta v_U\cos \varphi}\right)\right),\gamma<0\end{cases} \tag{5.26}$$

如果 $\Delta \alpha > \bar{w}$,即预期角速度超过航向改变能力,则有

$$\Delta \bar{a}=\frac{\Delta \alpha}{|\Delta \alpha|}\bar{w} \tag{5.27}$$

$$\Delta \bar{v}_U=\begin{cases}\min\left(\bar{a},\max\left(0,\dfrac{(\mu-\gamma)\Delta v+\Delta v_O\sin \eta-v_0\Delta\beta\cos \eta-\Delta av_U\cos \varphi}{\Delta v_U\cos \varphi}\right)\right),\gamma>0\\\min\left(\bar{a},\max\left(0,\dfrac{(-\mu-\gamma)\Delta v+\Delta v_O\sin \eta-v_0\Delta\beta\cos \eta-\Delta v_U\cos \varphi}{\Delta v_U\cos \varphi}\right)\right),\gamma<0\end{cases} \tag{5.28}$$

公式(5.22)是优化的最终目标,利用算法最小化无人船速度变化来避免碰撞。

5.3　算法设计

5.3.1　标准的 PSO 算法

PSO 算法由 Clerc 等[123]基于种群协作与模拟鸟类觅食行为而开发出的智能启发式算法。PSO 算法计算表达式如下:

$$v^{k+1}=wv^k+c_1r_1(P_i-x^k)+c_2r_2(P_g-x^k) \tag{5.29}$$

$$x^{k+1}=x^k+v^{k+1} \tag{5.30}$$

式中,v_k 为粒子的当前速度;x_k 为粒子的当前位置;k 为迭代次数;P_i 为个体最优位置;P_g 为全局最优位置;w 为权重系数,一般情况设置为 1 或 0.8;c_1 与 c_2 为学习因子;r_1 和 r_2 为介于 (0,1) 间的随机数。

然而,PSO 算法在求解一些优化问题上存在一定的不足,主要有:

(1)粒子更新只取决于个体最优与全局最优粒子,忽略其他粒子的性能,导致搜索粒子多样性降低,搜索可能陷入局部最优;

（2）搜索与收敛只由固定的系数决定,无法对其有效平衡,致使优化性能下降,收敛提前完成,或者发生收敛僵局;

（3）固定的权重系数使搜索粒子的全局遍历性降低,也容易发生搜索停滞与过收敛的现象。

因此,需要融合一些改进机制来提升标准的 PSO 算法的优化性能,使其具有更好的求解性能。

5.3.2　改进的 PSO 算法

本节中,结合三种优化机制对标准的 PSO 算法进行改进,它们分别是邻域搜索、混沌映射、动态权重。改进后 PSO 算法命名为邻域搜索与动态权重的粒子群优化（neighborhood search and dynamic weight particle swarm optimization, NDPSO）算法。

1. 邻域搜索

为了增强种群多样性,提高 PSO 算法的搜索能力,引入邻域学习策略。受参考文献[153]提出的环形拓扑思想的启发,将邻域最优位置 P_N 代替全局最优位置 P_g,并在每次迭代时重新选择邻域最优粒子,形成动态邻域选择机制,邻域选择的数学形式表示如下：

$$N_i = \{ P_{a1}, P_{a2}, \cdots, P_{an} \}, \quad a = \text{randperm}(N,15) \tag{5.31}$$

式中,an 为邻域集合 N_i 中第 n 个 a 元素,a 为在个体最优 P_i 邻近 N 个粒子中选取 15 个粒子进行邻域排序。如果初始化的种群比较大,选取的粒子可以按比例适当放大。对 N_i 中的粒子进行邻域拓扑排序获得邻域最优 P_N,则粒子的速度更新表示如下：

$$v^{k+1} = wv^k + c_1 r_1 (P_i - x^k) + c_2 r_2 (P_N - x^k) \tag{5.32}$$

图 5.5 表示邻域搜索形成的过程,该过程是本次算法改进的核心。当个体最优位置确定后,通过环形拓扑计算获得邻域最优位置的粒子,算法每次迭代后,粒子将形成一个单独的邻域,并且该邻域在之前的迭代粒子中随机选择而成,整体操作是一种动态变化形式,该方式确保每次随机选择的有效性,以保证粒子的多样性,可有效防止搜索过程提前收敛。

2. 混沌映射

混沌映射具有遍历性强、非重复性强、敏感性强等特点。混沌映射可以使搜索粒子以更高的速度进行垂直搜索,防止搜索粒子陷入局部最优。混沌变化形式的权重系数 w 表示如下：

$$w = A \cdot \sin(\pi T_{i-1}) \quad 0 < A \leq 1 \tag{5.33}$$

式中,T_i 为当前迭代次数;A 为权重配载常数,在迭代次数内服从正态分布。为更好地说明混沌映射表现出的遍历优势,在 Matlab 中进行 10 000 次迭代遍历计算,获得仿真图如图 5.6 所示。

在图 5.6 中,混沌映射的遍历分布要比随机函数的分布形式更加均匀,说明粒子的遍历性与多样性更好,混沌方式提升了粒子的全局优化性能。

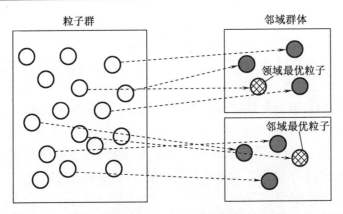

图 5.5　粒子邻域搜索

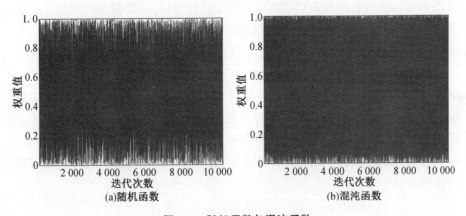

图 5.6　随机函数与混沌函数

3. 动态权重

动态权重能够平衡搜索粒子位置与速度的更新,当搜索粒子远离最优解时通过增大权重,改变粒子位置,使其靠近最优解。反之,当粒子靠近最优位置时,使粒子减速,防止其逃离,最终获得最优解。动态权重的展示如图 5.7 所示。

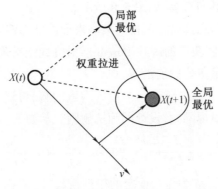

图 5.7　动态权重

改进后的粒子位置更新公式与动态权重表示如下:

$$x^{k+1} = a \cdot x^k + (1-a) \cdot v^{k+1} + w \cdot P_g \cdot a \tag{5.34}$$

$$a = \frac{\exp(f(j)/u)}{(1+\exp(-f(j)/u))^{T_i}} \qquad (5.35)$$

式中,a 是动态权重,控制着 x^k 与 v^{k+1};u 为第一次迭代的平均适应度;T_i 为当前迭代次数;$f(j)$ 为第 j 个粒子的适应度。

无人船路径规划模型为多目标问题,而且这些目标之间相互冲突。在模型求解中,为减少人为干扰,常将拥挤距离作为筛选指标。然而,传统的拥挤距离筛选会一次性删除密集区域中的多个粒子,破坏前沿解的分布。为此,本节提出动态拥挤距离法来过滤非支配解,以获得质量更高、多样性更好、分布更均匀的解,以供决策者选择。

动态拥挤距离操作步骤如下:

步骤1:初始化外部档案中的搜索粒子,并设置拥挤距离上限与下限。

步骤2:根据每个目标函数的适应度值对粒子进行排序,边界粒子设置为无限值。

步骤3:根据拥挤距离公式计算外部档案的粒子拥挤距离数值,其公式为

$$CD = \sum_{i=1}^{obj} \frac{|f_{i+1} - f_{i-1}|}{F_{max} - F_{min}} \qquad (5.36)$$

式中,CD 为拥挤距离(crowding distance);obj 为目标总数;f_{i+1} 为第 $i+1$ 个粒子在目标函数中的适应度值,f_{i-1} 同理;F_{max} 为粒子在目标函数中的最大适应度值,F_{min} 为最小适应度值。

步骤4:在外部档案中搜索最小拥挤距离粒子,并命名为 Flag,将其找到并删除。

步骤5:根据拥挤距离公式重新计算粒子 Flag+1 和 Flag−1 的拥挤距离,动态拥挤距离计算公式表示为

$$\begin{cases} L_{Flag+1} = \sum_{k=1}^{m} (|f_{Flag+2,k} - f_{Flag-1,k}|) \\ L_{Flag-1} = \sum_{k=1}^{m} (|f_{Flag+1,k} - f_{Flag-2,k}|) \end{cases} \qquad (5.37)$$

步骤6:如果外部档案存储的非支配解的数量仍超过最大限制,则返回步骤4;否则,结束该过程。

以同时优化两个目标为例,动态拥挤距离可以使 Pareto 前沿解以更均匀的方式分布,解的多样性更好,便于决策倾向选择,如图5.8所示。

在图5.8中,采用上述动态拥挤距离排序策略来维护外部档案中的粒子,可以避免在一个区域中删除过多的粒子,使获得的解在 Pareto 前沿方向上分布更加均匀。因此,该方法可以保证筛选效率,获得质量更好的前沿解。

此外,如果要在这些前沿解中获得一个最为满意的解,可通过权重倾向设置的方式完成最终的筛选,针对本章多目标问题,设计的筛选规则表示如下:

$$L_S = p_1 \cdot \frac{L_i}{L_{max}} + p_2 \cdot \frac{D_i}{D_{max}} + p_3 \cdot \frac{\theta_i}{\theta_{max}} + p_4 \cdot \frac{E_i}{E_{max}} \qquad (5.38)$$

式中,L_S 为路径选择的适应度;p 为自行设定的权重系数,且 $p_1+p_2+p_3+p_4=1$;L_i 为获得前沿解中的路径距离;L_{max} 为获得的前沿解中的最大距离;D_i 为获得的前沿解中的安全值;D_{max} 为获得的前沿解中的最大安全值;θ_i 为获得的前沿解中的平滑角度;θ_{max} 为获得的前沿解中的最大平滑角度;E_i 为获得的前沿解中的能耗;E_{max} 为获得的前沿解中的最大能耗。

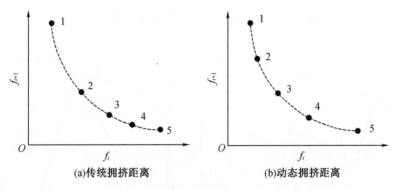

(a)传统拥挤距离   (b)动态拥挤距离

图 5.8　非支配解集的分布状态

启发式算法获得的路径通常是曲率连续的折线,引入 B 样条曲线使生成的路径更为平滑[48]。B 样条曲线是从贝塞尔曲线演变而来的,继承了其几何不变性,保持了凸性和仿射不变性的优点,详细介绍如下。

在二维环境的路径规划中,假设在坐标上获得的路径中有 $n+2$ 个控制点:(xc_0,yc_0),$\cdots$,(xc_k,yc_k),$\cdots$,(xc_{n+1},yc_{n+1}),这些控制点组成了 B 样条曲线,通过以下方程,这些离散的序列点(xp_t,yp_t)能被生成,则有:

$$
\begin{cases}
xp_t = \sum_{j=0}^{n+1} xc_j \cdot B_{j,k}(t) \\
yp_t = \sum_{j=0}^{n+1} yc_j \cdot B_{j,k}(t)
\end{cases}
\tag{5.39}
$$

式中,$B_{j,k}(t)$是曲线的混合函数;k是曲线上点的顺序,与曲线平滑度有关;j为路径控制点,且$j=\{0,1,\cdots,n+1\}$。混合函数是根据一组 knot 值定义的,混合函数方程表示如下:

$$
B_{j,1}(t)=
\begin{cases}
1, & (j) \leqslant t \leqslant (j+1) \\
1, & (j) \leqslant t < (j+1) , t=n-k+3 \\
0, & 否则
\end{cases}
\tag{5.40}
$$

$$
B_{j,k}(t)=\frac{(t-(j)) \cdot B_{j,k-1}(t)}{(j+k-1)-(j)}+\frac{((i+k)-t) \cdot B_{i+1,k-1}(t)}{(j+k)-(j+1)}
\tag{5.41}
$$

$$
\begin{cases}
(j)=0, & j<k \\
(j)=j-k+1, & k \leqslant j \leqslant n \\
(j)=n-k+2, & n<j
\end{cases}
\tag{5.42}
$$

式中,(j)是 knot(j)的值;t是以恒定的步长连续地从 0 到 $n-k+3$ 变化的向量。将给定的路径用 B 样条曲线处理后的效果如图 5.9 所示。

5.3.3　算法理论分析

NDPSO 算法牺牲了标准 PSO 算法中全局最优 P_g,由个体最优附近的邻域拓扑排序适应度值最好的粒子代替,该操作会使个体粒子发挥出更好的搜索效果。但随着迭代次数增加,粒子趋同化现象会发生得较快,局部最优现象依旧会出现,为此利用混沌映射使陷入局部最优的部分粒子逃逸,再继续进行全局搜索。最后,根据动态权重对搜索粒子的速度与位置进行不断调整,在最优解处完成全局收敛,提升算法的优化性能。

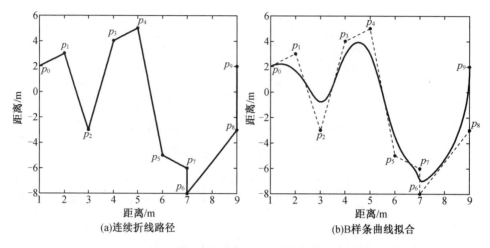

(a)连续折线路径　　　　　　　　　(b)B样条曲线拟合

图 5.9　B 样条曲线的平滑路径

在一些 PSO 算法变体的应用中,种群规模常设置为 30~100,迭代次数为 300~500。但 NDPSO 算法在计算设置时,由于取消全局最优位置,利用个体最优与邻域最优来完成全局搜索与协同学习,粒子的初始种群规模应设置得大一些。如果是在有限制时间优化问题中,可将迭代次数设置得较小,粒子种群规模对搜索结果的影响要大于迭代次数所产生的影响。在保证粒子种群规模的情况下,NDPSO 算法保证了求解精度,其计算时间复杂度也没有受到影响。

5.4　数值算例分析

本节中,先对 NDPSO 算法进行单目标与多目标基准函数的测试,说明其有效性。再利用 NDPSO 算法求解出时间最短的无人船全局路径优化模型与连续两任务点间无人船多目标路径规划模型。所有试验均在 Window10 Intel(R)Core(TM)i5-4590 CPU @ 3.30 GHz 8+64 G 系统中进行。

5.4.1　算法数值测试

为说明提出的 NDPSO 算法的有效性,利用 17 个单目标函数和 19 个多目标函数对算法进行数值测试,并与其他表现较好的算法对比。

1.单目标问题测试

将 17 个经典单目标基准函数分为三组[154],第一组为 7 个单峰函数(1~7)。第二组为 5 个复杂的多峰函数(8~12)。第三组为 3 个旋转多峰函数(13~15),1 个移位函数(16),以及 1 个移位旋转函数(17)。NDPSO 算法与对比算法参数设置如下:

NDPSO 算法：$M=50$，$T_m=200$，$c_1=c_2=2$，w 为正弦混沌变化。

PSO、DWPSO 算法：$M=50$，$T_m=200$，$c_1=c_2=2$，$w=0.8$[155]。

CDWPSO 算法：$M=50$，$T_m=200$，$c_1=c_2=2$，w 为正弦混沌变化[156]。

算法性能评判指标是多次计算极值取平均数与标准差，这两个指标越小说明算法获得的极值的离散程度越小，求解精度与稳定性越好。将 4 个算法对基准函数分别运行 30 次，获得的极值取平均数与标准差，以此来观察测试的性能。对于这两个指标，如果获得数值小于 10^{-25} 时，则认为结果足够小，可约等于 0。

由表 5.1 可知，给出的 4 个算法都不能获得所有函数的最小值。7 个单峰函数中，NDPSO 算法在 6 个函数（1~6）上获得最小值，要好于其他对比算法的表现，但 CDWPSO 算法在 4 个函数（1~4）上有较好的表现。在 5 个多峰函数中，NDPSO 算法在 4 个函数（8~11）上得到最优值，而 CDWPSO 算法在 2 个函数（9~10）上有较好的表现。在函数 12 的 Dim=30 上，NDPSO 与 CWDPSO 算法都有最优值，其他算法表现不佳。在 3 个旋转多峰函数中（13~15），NDPSO 算法都获得最优值；CDWPSO 算法在函数 13，以及 Dim=30 的函数 14 与 15 上获得了极值。DWPSO 算法在函数 15 上获得了极值；在移位函数 16 中，相比其他算法，NDPSO 算法具有更好的表现，但没获得极值。在位移旋转函数 17 中，Dim=30 的 NDPSO 算法表现较好；在 Dim=50 的 DWPSO 算法表现较好。综上，相比于 PSO、DWPSO、CDWPSO 算法，本书提出的 NDPSO 算法在数值优化方面具有较好表现，随着维度的升高，算法的表现略有下降。

2. 多目标问题测试

使用 19 个多目标基准函数来测试 NDPSO 算法的求解性能[157]。其中，有 5 个 ZDT 函数（ZDT1~4、ZDT6）；7 个 DTLZ_2D 函数（DTLZ_2D 1~7），每个函数有 2 个目标；7 个 DTLZ_3D 函数（DTLZ_3D 1~7），每个函数有 3 个目标。

算法参数设置如下：

NDPSO 算法：$M=50$，$T_m=200$，$c_1=c_2=2$，w 为正弦混沌变化。

TV-MOPSO 算法：$M=50$，$T_m=200$，$c_1=c_2=2$，w 线性递减。

NSGA-Ⅱa、NSGA-Ⅱr 算法：$M=50$，$T_m=200$，交叉概率 0.8，变异概率 0.8[148]。

在多目标问题中，常用 Epsilon 值来衡量获得解分布情况，Epsilon 值代表算法获得的非支配解拟合成曲线形式与真实帕累托最优前沿曲线的趋近程度[158]，Epsilon 值越小，算法求解效果越好。Epsilon 指标计算公式如下：

$$\text{Epsilon} = \frac{d_f + d_l + \sum_{i=1}^{N-1} |d_i - \bar{d}|}{d_f + d_l + (N-1)\bar{d}} \tag{5.43}$$

式中，d_i 为非支配空间中连续解之间的欧式距离；d_f 与 d_l 分别为获得的非支配集合的极值解和边界解与空间原点的欧式距离；$\bar{d}$ 为所有 d_i 的平均值；N 为最佳非控制空间上解决方案的数量。如果 Epsilon=0，则在帕累托前沿上的所有解之间都是等距的，说明算法对多目标问题处理效果达到最好。

表 5.1 算法的平均数与标准差

f	Name	f_{min}	Dim	PSO Mean	PSO S.D.	DWPSO Mean	DWPSO S.D.	CDWPSO Mean	CDWPSO S.D.	NDPSO Mean	NDPSO S.D.
1	Sphere	0	30	3.23E-01	2.78E-01	0	0	0	0	0	0
		0	50	8.64E-01	3.64E+00	9.12E-22	5.34E-20	0	0	0	0
2	Schwefel's 2.22	0	30	1.65E-01	1.78E-01	0	0	0	0	0	0
		0	50	1.01E+00	1.64E+00	6.12E-14	3.35E-10	0	0	0	0
3	Schwefel's 1.2	0	30	1.56E+02	1.81E+02	3.54E-21	9.46E-22	0	0	0	0
		0	50	5.64E+03	1.62E+03	1.86E-24	9.31E-22	0	0	0	0
4	Schwefel's 2.21	0	30	5.14E+00	8.44E-01	0	0	0	0	0	0
		0	50	2.18E+01	1.75E+00	0	0	0	0	0	0
5	Rosenbrock	0	30	1.02E+02	1.93E+02	4.67E-15	7.78E-15	1.10E-03	1.16E-04	0	0
		0	50	3.38E+02	3.28E+02	5.66E-14	6.92E-14	3.62E+01	1.88E+00	0	0
6	Step	0	30	5.10E-01	1.23E+00	0	0	3.33E-16	5.63E-17	0	0
		0	50	1.46E+01	1.27E+01	0	0	7.96E-15	2.31E-13	0	0
7	Noise	0	30	3.38E-08	4.91E-08	0	0	0	0	6.31E-06	7.77E-05
		0	50	2.31E-04	1.62E-04	8.99E-19	0	6.78E-04	3.72E-09	0	0
8	Rastrigin	0	30	2.12E+01	5.56E+00	0	0	1.13E+00	3.89E+00	0	0
		0	50	3.97E+01	1.94E+01	0	0	4.71E+01	6.54E+01	0	0
9	Ackley	0	30	2.49E-01	2.81E-01	8.88E-16	4.24E-10	0	0	0	0
		0	50	6.52E+00	1.71E-01	7.64E-15	5.65E-09	0	0	0	0

表 5.1（续）

f	Name	f_{min}	Dim	PSO Mean	PSO S.D.	DWPSO Mean	DWPSO S.D.	CDWPSO Mean	CDWPSO S.D.	NDPSO Mean	NDPSO S.D.
10	Griewank	0	30	4.12E-01	1.04E-01	0	0	0	0	0	0
		0	50	2.10E-01	5.33E-02	0	0	0	0	0	0
11	Generalized Penalized	0	30	0.22E-02	1.82E-02	1.66E-01	4.81E-02	5.46E-02	9.87E-2	2.82E-03	13.6E-03
		0	50	2.81E+00	1.11E+00	3.72E+01	8.45E-01	7.21E-01	6.64E-01	8.29E-02	6.08E-02
12	Penalized	0	30	0.08E-01	6.84E-02	2.24E+00	1.96E-01	9.98E-01	7.49E-01	0	0
		0	50	4.00E-02	3.65E+00	4.31E+00	9.56E-01			4.29E+00	2.33E-01
13	Rotated Griewank	0	30	0	0	0	0	0	0	0	0
		0	50	3.07E+00	1.28E+00	7.00E-15	3.07E-14	0	0	0	0
14	Rotated Weierstrass	0	30	5.03E+01	2.34E+00	0	0	0	0	0	0
		0	50	1.39E+01	3.71E+00	7.91E-09	2.74E-08	4.67E-03	7.85E-03	0	0
15	Rotated Rastrigin	0	30	7.09E+01	1.83E+01	0	0	6.11E-02	2.48E-02	0	0
		0	50	2.22E+02	3.31E+01	7.89E-02	1.43E-01			0	0
16	Shifted Schwefel's	-450	30	-387.24	1.28E+02	-440.00	8.04E-01	-396	7.41E-01	-448.28	3.01E-06
		-450	50	-300.08	5.81E+04	-428.00	2.19E-01	-391	6.56E-01	-442.16	1.96E-02
17	Shifted and Rotated	-140	30	-118.91	3.66E-02	-138.81	1.04E-03	-121	8.64E-01	-137.97	2.28E-01
		-140	50	-117.67	1.46E-02	-138.74	6.30E-03	-119	3.85E-01	-137.76	4.44E-03

将以上选取的对比算法对基准函数分别运行 30 次,再对获得的帕累托前沿解计算 Epsilon 值,获得的计算结果如表 5.2 所示。

表 5.2 算法的 Epsilon 值

算法	ZDT1	ZDT2	ZDT3	ZDT4	ZDT6	—	—
NDPSO	1.09E−02	**4.89E−03**	**5.34E−03**	3.10E−01	6.80E−03	—	—
NSGA−Ⅱa	3.16E−02	7.63E−02	5.95E−02	1.68E+00	4.51E−01	—	—
NSGA−Ⅱr	2.95E−02	8.06E−02	6.15E−02	1.03E+00	3.63E−02	—	—
TV−MOPSO	**9.96E−03**	6.91E−03	4.26E−02	1.35E+00	**6.64E−03**	—	—
SPEA2	4.40E−02	1.87E−01	7.53E−02	1.45E+00	6.82E−01	—	—
NSGA−Ⅱ	2.62E−02	6.44E−02	4.23E−02	8.06E−01	4.24E−01	—	—
算法	DTLZ1_2D	DTLZ2_2D	DTLZ3_2D	DTLZ4_2D	DTLZ5_2D	DTLZ6_2D	DTLZ7_2D
NDPSO	**1.07E+00**	1.64E−02	**3.04E+01**	1.63E−02	**9.91E−03**	**8.98E−03**	1.20E−01
NSGA−Ⅱa	2.10E+00	1.75E−02	4.19E+01	1.99E−02	1.60E−02	2.30E+00	9.84E−02
NSGA−Ⅱr	4.70E+00	1.85E−02	4.05E+01	**1.50E−02**	1.60E−02	7.37E−01	5.04E−02
TV−MOPSO	1.21E+00	1.62E−02	6.54E+01	2.27E−02	1.47E−02	8.25E−01	**1.09E−02**
SPEA2	6.19E+01	**1.38E−02**	1.72E+02	1.58E−02	1.38E−02	9.18E+00	1.45E−01
NSGA−Ⅱ	4.73E+01	1.54E−02	1.31E+02	1.58E−02	1.38E−02	8.10E+00	6.07E−02
算法	DTLZ1_3D	DTLZ2_3D	DTLZ3_3D	DTLZ4_3D	DTLZ5_3D	DTLZ6_3D	DTLZ7_3D
NDPSO	**1.21E−01**	**5.65E−02**	**7.86E+01**	1.31E−01	**7.96E−03**	**6.65E−01**	1.66E−01
NSGA−Ⅱa	5.52E+00	1.40E−01	7.96E+01	1.25E−01	1.35E−02	6.85E+00	1.47E−01
NSGA−Ⅱr	6.08E+00	1.48E−01	9.89E+01	1.54E−01	1.68E−02	3.13E+00	1.70E−01
TV−MOPSO	8.90E−01	1.41E−01	8.69E+01	1.56E−01	1.80E−02	3.32E+00	2.93E−01
SPEA2	3.91E+01	8.62E−02	3.09E+01	**9.07E−02**	1.29E−02	7.44E+00	**1.33E−01**
NSGA−Ⅱ	4.43E+01	1.29E−01	1.15E+02	1.18E−01	1.31E−02	7.64E+00	1.79E−01

注:黑体表示最小值,代表算法表现较好。

如表 5.2 中所示,NDPSO 算法在 5 个 ZTD 函数中,有 3 个函数获得最小的 Epsilon 值;在 7 个 DTLZ_2D 中,有 4 个函数获得最小的 Epsilon 值;在 7 个 DTLZ_3D 中,有 5 个函数获得最小的 Epsilon 值。尽管其他对比算法在有些函数中也获得 Epsilon 的最小值,但 NDPSO 算法获得最小值的次数是相对最多的,说明该算法处理多目标问题的效果较好,获得 Pareto 解分布情况更均匀。

5.4.2 无人船全局路径方案

本节中,无人船编队二维航行空间在 4 000 m×4 000 m 的海域范围内进行仿真试验计算,无人船的平均速度为 3 m/s,无人船数量为 5 艘,惩罚值为 10 000,根据目标函数模型构建方式,获得了两种无人船编队全局路径。方案一是无人船编队出发后全部返回同一个地点,方案二是无人船编队出发后到达指定地点集合。

求解与对比算法参数设置如下:

NDPSO 算法:$M=60$, $T_m=800$, $c_1=c_2=2$, w 为正弦混沌变化。

NMPSO 算法:M 与 T_m 同上,$c_1=c_2=2$, $w=0.8$[159]。

HESGA 算法:M 与 T_m 同上,交叉概率 0.8,变异概率 0.8[160]。

H-MACO 算法:M 与 T_m 同上,信息素 1~4,启发因子 3,4~5,信息素挥发 0.2~0.5[161]。

NGSA-Ⅱa 与 NGSA-Ⅱr 算法:M 与 T_m 同上,交叉概率 0.8,变异概率 0.2[148]。

TV-MOPSO 算法:M 与 T_m 同上,$c_1=c_2=2$, w 从 0.7 线性减至 0.4[128]。

方案一:无人船从点(1 300, 2 300)出发并返回原点,障碍物 11 个。使用 4 个算法分别运行 10 次,获得的最优路径方案如图 5.10 所示,再将获得的结果取平均值,如表 5.3 所示。

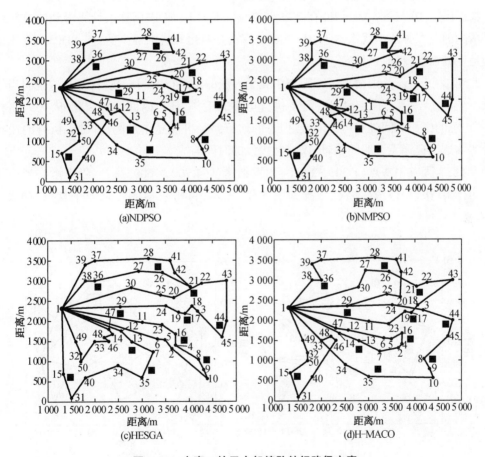

图 5.10　方案一的无人船编队航行路径方案

表 5.3　方案一的算法计算结果

算法	无人船-5			无人船-4			无人船-3		
	距离/m	迭代次数	时间/h	距离/m	迭代次数	时间/h	距离/m	迭代次数	时间/h
NDPSO	**33 746**	425	**0.62**	**33 154**	404	**0.76**	**27 853**	516	**0.85**
NMPSO	37 590	696	0.70	35 246	523	0.81	29 165	**445**	0.91
HESGA	35 862	662	0.66	34 288	636	0.79	28 834	527	0.89
H-MACO	34 769	**422**	0.64	36 151	**393**	0.83	27 921	452	0.86
PSO	38 142	714	0.71	35 622	585	0.82	30 357	577	0.94
GA	39 750	806	0.74	35 646	673	0.83	30 374	643	0.94
ACO	38 164	707	0.71	37 194	462	0.86	29 647	499	0.92

注:黑体表示最小值;无人船-5 代表 5 艘无人船,其他同理。

　　表 5.3 中,根据模型的设计与算法求解,无人船编队完成了对称型的全局遍历任务,到达了所有指令地点,并且每艘无人船所经历的位置不少于 9 个任务点。

　　根据图 5.10 与表 5.3 可知,在方案一的遍历规则下,NDPSO 算法计算得到的总航行时间是最少的。在算法迭代次数上,H-MACO 算法是对比算法中最少的,但 NDPSO 算法也能够满足计算需求,耗时也较短。

　　此外,表 5.3 还分别给出了 4 艘与 3 艘无人船的总航行时间与航行距离,这说明当任务总数不变时,无人船的数量减少,需要执行更多的工作,任务时间增加。此外,无人船数量增加后,总的工作时间确实可以降低,但总的航行路径可能是增加的。因此,执行的任务要结合实际情况选择无人船的数量,以控制投放的时间与成本。

　　方案二:无人船从点(1 300, 2 300)出发到达点(4 700,1 600)集合,障碍物 13 个。4 种算法运行 10 次,获得最优路径方案如图 5.11 所示,再将获得的结果取平均值,如表 5.4 所示。

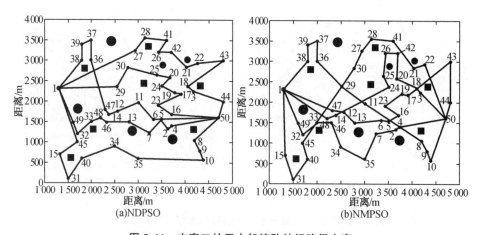

图 5.11　方案二的无人船编队航行路径方案

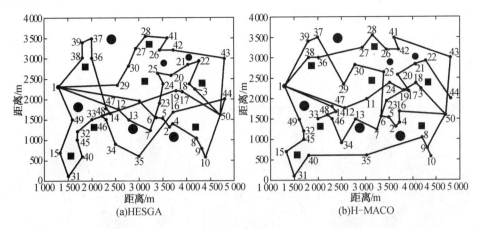

图 5.11(续)

表 5.4 方案二的算法计算结果

算法	无人船 5			无人船 4			无人船 3		
	距离/m	迭代次数	时间/h	距离/m	迭代次数	时间/h	距离/m	迭代次数	时间/h
NDPSO	**29 901**	425	**0.55**	**33 154**	404	**0.77**	**27 853**	516	**0.86**
NMPSO	31 041	596	0.57	34 246	523	0.81	28 165	**465**	0.87
HESGA	32 175	**601**	0.60	34 288	636	0.79	28 834	527	0.89
H-MACO	31 021	419	0.57	36 151	**393**	0.83	27 921	653	0.86
PSO	33 542	625	0.62	35 206	565	0.81	29 121	757	0.90
GA	35 106	663	0.65	35 796	697	0.83	29 464	659	0.91
ACO	33 714	693	0.62	36 413	502	0.84	30 131	422	0.93

注:黑体表示最小值;无人船 5 代表 5 艘无人船,其他同理。

根据图 5.11 与表 5.4 可知,在方案二的要求下,无论由几只无人船完成航行任务,NDPSO 算法都会获得距离最短与时间最少的编队航行方案,求解效果好于其他对比算法的优化能力。

此外,通过多次试验验证可知,如果把每个算法的最大迭代次数和种群规模扩大,尽管计算时间增加,但多数启发式算法都会获得最短时间方案的全局路径方案。此外,还可以成比例地缩小无人船的航行空间,尽管算法设置了较大的最大迭代次数和种群规模,但依旧可以使计算时间减少,其原因类似于邻域搜索算法的搜索机制,减少了粒子的搜索步长,使其有效的搜索范围减小。

5.4.3 两任务点间路径规划

多任务点的全局路径方案获得后,对两个连续目标任务点间进行路径规划,以确保无人船能够无碰撞地航行到指定地点。

无人船航行区域为 500 m×500 m 的范围;起点(0, 00),终点(500, 500);无人船的平均速度为 3 m/s;水流平均速度为 0.8 m/s;无人船的长度为 2 m;最小安全距离为船体长度的

2倍;最大安全距离为船体长度的4倍;能耗系数为0.8。约束目标权重设置为$p_1 = 0.5, p_2 = 0.2, p_3 = 0.1, p_4 = 0.2$。NDPSO算法与对比算法给出的两点间多目标路径规划仿真如图5.12所示,路径数据如表5.5所示。

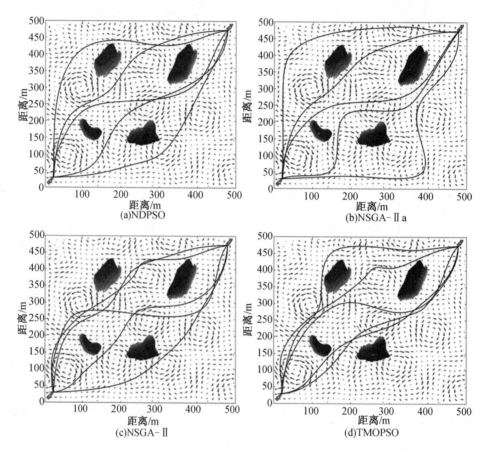

图5.12　4种算法的多目标路径规划

表5.5　对比算法路径的适应度值

算法	路径					平均适应度
	1	2	3	4	5	
NDPSO	0.712 3	0.608 5	0.656 5	0.632 5	0.693 3	**0.660 6**
NSGA-Ⅱa	0.782 2	0.629 1	0.677 9	0.728 6	0.785 2	0.720 6
NSGA-Ⅱ	0.774 6	0.636 2	0.673 4	0.707 1	0.743 9	0.707 0
TMOPSO	0.847 5	0.657 7	0.743 1	0.624 8	0.676 6	0.709 9

注:平均适应度为无量纲的常数。

根据图5.12与表5.5所示,NDPSO算法给出了5条拥挤距离较大的路径解,从起点到终点分4个方向,说明算法获得解的多样性良好。NSGA-Ⅱa算法获得解多样性与NDPSO算法类似,但NSGA-Ⅱa算法获得解平均适应度低,由于p_1设置的较大,说明获得路径距离较短。NGSA-Ⅱ算法与TMOPSO算法获得路径发生一定的聚集,说明算法获得解的多样性较低,且沿水流方向的路径规划分布少于 NDPSO 算法,说明这两个算法在路径能耗上大于 NDPSO 算法。在安全性上,NSGA-Ⅱa 算法表现相对最好,但其他算法未与障碍物发生碰撞,因此所有算法都满足了最低安全性要求。

此外,再选择 6 种算法进行蒙特卡洛仿真计算试验,来计算多目标路径规划,模拟次数设为 120 次。根据这些算法的计算失败次数、平均迭代次数、平均计算时间来展示算法的综合计算性能,统计结果如图 5.13 所示。

图 5.13(a)中 NDPSO 算法的计算失败次数最少,说明算法在计算多目标问题时的稳定性较好,模型求解能力较强,好于对比算法。图 5.13(b)中,不考虑前沿解的质量情况下,NSGA-Ⅱa、NSGA-Ⅱr 与 TMOPSO 算法的平均迭代次数少,说明这 3 个算法表现出较好的快速收敛能力,但 NDPSO 算法与其相差不多,是可接受的。在图 5.13(c)中,NSGA-Ⅱa 算法的平均计算时间最少,NDPSO 与 NSGA-Ⅱr 算法的平均计算时间类似,要稍多于 NSGA-Ⅱa 算法,在 4 个目标同时约束的问题计算中也是可以接受的。

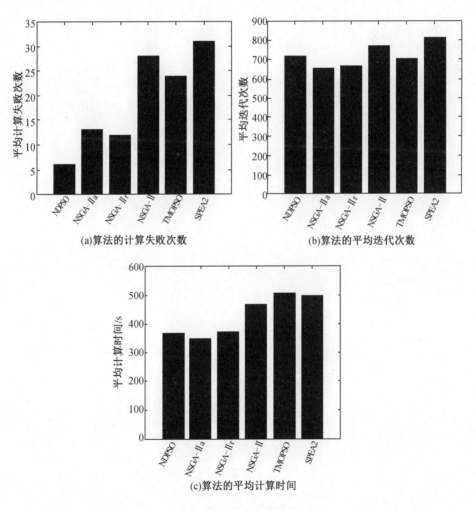

(a)算法的计算失败次数　　　　　(b)算法的平均迭代次数

(c)算法的平均计算时间

图 5.13　算法的有效性

综上可知,NDPSO 算法在计算的稳定性与速度上都表现较好,在处理多目标问题时表现出了较好的优化性能,尽管 NDPSO 算法迭代次数和计算时间相对多一些,但都在可接受的范围内。

5.5 本 章 小 结

本章中,利用无人机搜索并定位目标任务点,规划出无人船编队航行的全局路径方案。之后,选取全局方案中的两个连续任务点进行无人船多目标路径规划,使其躲障碍物,使无人船安全航行。此外,还提出了 NDPSO 算法来分别求解单目标与多目标数学模型。仿真试验表明:本书提出的模型与算法是有效的,获得的路径方案能够降低作业时间,算法具有较好的计算速度与准确性。

第6章 动态目标任务点的无人机与无人船联合作业路径规划

在指定海域内,无人机与无人船联合完成动态目标任务点的海上作业。利用无人机对海面动态目标进行搜索与跟踪,由无人船来完成任务。通过无人机与无人船联合的方式,使任务完成得更加快速与准确。

6.1 动态目标任务点的无人机与无人船联合作业问题描述

由于海平面具有一定弧度,且受观测距离与航行速度的限制,使用无人船搜索动态目标的效果不理想。因此,利用无人机对海面上的动态目标进行搜索与跟踪,并准确地预测动态目标的运动轨迹。结合目标任务点的需求、负载能力、时间限制等因素,设计出无人船完成海上作业的任务分配与路径规划方案。通过无人机与无人船以联合协作的方式执行海上任务,降低总的作业成本与作业时间,弥补了无人船搜索能力低的缺点,提升了执行任务的准确性。

对于海上动态目标展开的任务一般有海上补给、目标打击、海上拦截等。本章主要工作如下:

(1)根据分布式无人机获得动态目标的运动速度、航向角度、数量等信息,结合无人机的运动学方程与动力约束,提出了无人机对水面动态目标任务点的轨迹跟踪与预测模型,确保无人机能够实时获得动态目标的位置,同时使无人船能够精确地靠近目标。

(2)根据目标服务需求指令,以无人船数量、作业成本、目标距离、时间限制等为约束条件,建立无人船编队的任务分配模型,获得总的作业成本最小路径方案。此外,还对无人船的航行路径进行控制,使其在给定的路径上稳定航行。

6.2 符号定义与模型构建(无人机)

当无人机发现目标后,通过不断优化无人机与目标间的观测距离误差,使距离误差不断减小或保持一个稳定的数值,以实现较为精确的目标跟踪。无人机配备了自动驾驶仪与激光视觉系统,可根据检测目标的运动状态来调整自身的速度,并在给定的姿态下稳定飞行,完成跟踪与预测任务。

6.2.1 符号定义与运动描述

1. 符号定义

(x, y, z):无人机在地球坐标系中的位置;

V:无人机在地球坐标系中的前向速度;

θ:无人机的俯仰角;

φ:无人机的偏航角;

q:俯仰角的导数,定义为俯仰角的角速度;

r:偏航角的导数,定义为偏航角的角速度;

a:加速度;

$\boldsymbol{u}$:控制变量,且 $\boldsymbol{u} = [q, r, a]^T$;

$\boldsymbol{w}$:状态变量,且 $\boldsymbol{w} = [x, y, z, V, \theta_u, \varphi_u]^T$,根据状态变量的导数可计算控制变量的值;

$\min$:表示变量的最小值;

$\max$:表示变量的最大值;

φ_u:无人机与观测目标在水平方向的角度;

θ_u:无人机与观测目标在俯仰方向的角度;

(x_u, y_u):地球坐标系中无人机在 k 时的坐标;

(x_k, y_k):地球坐标系中动态目标在 k 时的坐标;

$\boldsymbol{P}_u$:无人机的地理坐标位置,且 $\boldsymbol{P}_u = [x_u, y_u, z_u]^T, z_u = H$;

$\boldsymbol{P}_k$:k 时刻目标的地理坐标位置,且 $\boldsymbol{P}_k = [x_k, y_k, z_k]^T, z_k = 0$;

$\boldsymbol{P}_{u,k}$:无人机相对于目标的位置,且 $\boldsymbol{P}_{u,k} = \boldsymbol{P}_u - \boldsymbol{P}_k = [x_{u,k}, y_{u,k}, z_{u,k}]^T$;

d_u:无人机与动态目标之间的实际距离,且 $d_u = |\boldsymbol{P}_{u,k}| = \sqrt{x_{u,k}^2 + y_{u,k}^2 + z_{u,k}^2}$;

$r_{u,k}$:无人机的跟踪半径,且 $r_{u,k} = \sqrt{x_{u,k}^2 + y_{u,k}^2} = \sqrt{(x_u - x_k)^2 + (y_u - y_k)^2}$;

H:无人机到海平面的距离;

d_p:无人机与目标之间在 $k+1$ 时刻的距离;

$d_{e,k}$:无人机观测动态目标的距离误差;

$\bar{d}_{e,k}$:无人机多次取样动态目标的平均距离误差;

(x_k, y_k):动态目标在 k 时刻的位置;

(x_{k+1}, y_{k+1}):动态目标在 $k+1$ 时刻的预测位置;

v_k:动态目标的速度;

ΔT:对动态目标的采样周期,s;

δ_k:k 时刻动态目标的航向角度。

2. 无人机运动描述

无人机在目标跟踪过程中可被看作一个运动的质点,其动力学方程表示如下:

$$\begin{cases} \dot{x} = V\cos\theta_u\cos\varphi_u \\ \dot{y} = V\cos\theta_u\sin\varphi_u \\ \dot{z} = V\sin\theta_u \\ \dot{\theta}_u = q \\ \dot{\varphi}_u = r \\ \dot{V} = a \end{cases} \quad (6.1)$$

无人机的运动速度约束表示如下：

$$\begin{cases} V \in \left[V_{\min}, V_{\max}\right], V_{\min} = 0 \\ |a| \leqslant a_{\max} \\ |q| \leqslant q_{\max} \\ |r| \leqslant r_{\max} \end{cases} \quad (6.2)$$

如图 6.1 所示，将无人机的跟踪过程从地理坐标系的三维状态转化到二维平面上，从中可以看出无人机与动态目标之间的位置关系，以及无人机与目标之间在不同方向的角度。无人机与动态目标所形成的映射角度、跟踪半径、距离三者之间的关系表示如下：

$$\begin{cases} \sin\varphi_u = \dfrac{x_{u,k}}{r_u} \\ \cos\varphi_u = \dfrac{y_{u,k}}{r_u} \\ \sin\theta_u = \dfrac{z_{u,k}}{d_u} \\ \cos\theta_u = \dfrac{r_{u,k}}{d_u} \end{cases} \quad (6.3)$$

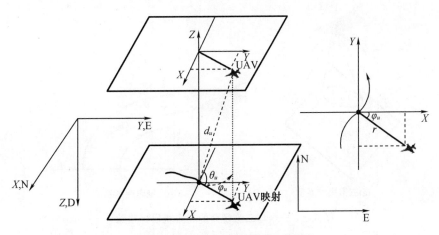

图 6.1 无人机目标跟踪分解图

式(6.1)为无人机的动力学方程，描述了无人机的速度、角度、角速度之间的关系。式(6.2)为无人机的速度约束，确保无人机在设置的空间内稳定航行。式(6.3)为无人机在跟踪过程中角度与距离的关系,说明跟踪过程是一个闭环控制。

根据以上三个公式,建立无人机的运动模型并嵌入 Simulink 的变量模块。通过 GUI 模块,设置无人机的地理坐标、运动速度、观测半径等控制变量。对控制变量连续求导,并进行三角函数计算,即可获得在跟踪过程中无人机的状态变量,再利用状态变量计算动态目标运动信息。

6.2.2 动态目标跟踪模型

在跟踪过程中,通过激光视觉系统可计算出动态目标在采样周期内的距离误差,根据距离误差的导数可知目标的速度大小与方向,再连续求导可知动态目标加速度、急动度等信息。无人机可根据求导的计算数据在若干个采样周期内调整自身的运动状态,优化平均跟踪误差,使其不断减小,以确保跟踪效果的稳定性。无人机跟踪动态目标的数学模型表示如下:

$$d_u = \sqrt{(x_u - x_k)^2 + (y_u - y_k)^2 + H^2}, k \in (1, 2, \cdots, n) \tag{6.4}$$

$$d_{e,k} = |d_p - d_u|, k \in (1, 2, \cdots, n) \tag{6.5}$$

$$\overline{d_{e,k}} = \frac{\sum_{k=1}^{n} d_{e,k}}{k} \tag{6.6}$$

式(6.4)为无人机与动态目标间的实际距离计算方程。式(6.5)为无人机观测动态目标的距离误差。式(6.6)为无人机观测动态目标的平均距离误差,通过不断优化 $\overline{d_{e,k}}$,使其在较短时间内变小,并且保持稳定,即可达到较好的跟踪效果。

利用图 6.2 描述了不同维度下的无人机与目标的位置。当无人机在目标上方时,跟踪效果可以达到最好。当无人机在目标侧方时,只要无人机在理想的观测距离内,通过几次采样后,同样可以获得较好的跟踪效果。

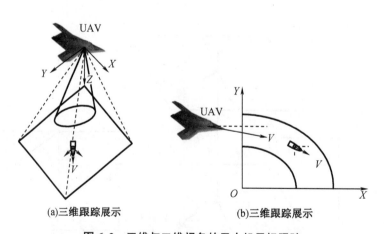

图 6.2　三维与二维视角的无人机目标跟踪

6.2.3 动态目标预测模型

无人机的机载传感器可通过目标的运动状态来预测下一个采样周期的运动状态,预测动态目标位置的计算公式表示如下：

$$x_{k+1} = v_k \Delta T \sin \delta_k + x_k$$
$$y_{k+1} = v_k \Delta T \cos \delta_k + y_k \tag{6.7}$$

式(6.7)是利用当前位置的坐标结合运动方向与速度来计算下一采样周期内动态目标轨迹的。如果预测数据与实际采样数据吻合，或误差小于 5%，则认为跟踪效果良好。结合式(6.7)的迭代方式，图 6.3 为无人机俯视目标跟踪图示。

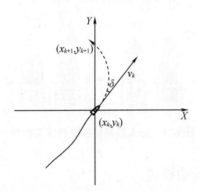

图 6.3　无人机俯视目标跟踪图示

利用三个性能指标来评估动态目标轨迹预测的准确性[162]，表述如下：

(1)均方误差(mean square error, MSE)，用于评估目标的预测轨迹的变化程度，则公式如下：

$$\text{MSE} = \frac{1}{n} \sum_{j=1}^{n} \left[(x_j' - x_j)^2 + (y_j' - y_j)^2 \right] \tag{6.8}$$

(2)平均绝对误差(mean absolute error, MAE)，用于评估预测轨迹与实际轨迹之间的误差，则公式如下：

$$\text{MAE} = \frac{1}{n} \sum_{j=1}^{n} \sqrt{(x_j' - x_j)^2 + (y_j' - y_j)^2} \tag{6.9}$$

(3)均方根误差(root mean square error, RMSE)，用于评估预测轨迹与实际轨迹之间的几何空间误差，则公式如下：

$$\text{RMSE} = \sqrt{\sum_{j=1}^{n} \frac{(x_j' - x_j)^2 + (y_j' - y_j)^2}{n}} \tag{6.10}$$

式中，把预测轨迹分成 n 个点，(x_j, y_j) 为预测轨迹上第 j 个点的坐标；(x_j', y_j') 为实际航行轨迹上第 j 个点的坐标。以上三个指标的数值越小，说明轨迹预测效果越好，预测轨迹与实际轨迹更相近。

6.3　符号定义与模型构建(无人船)

任务分配指令是由控制中心决策层产生的，通过交互模式将分配信息加载到控制层，以此来完成路径控制。无人船获得命令信息后开始执行追踪任务，并按照给定的路径航行。利用观测器实时地控制与反馈船体运动信息,确保其平稳运行,命令信息传递过程如图 6.4 所示。

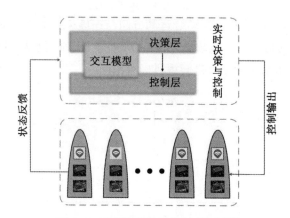

图 6.4　无人船编队决策制定与控制

6.3.1　符号定义与运动描述

假设动态目标的需求是已知的,根据无人机对动态目标的跟踪信息,利用无人船携带一定数量的物品对这些动态目标完成交付任务。以目标的数量、位置坐标、交付需求、时间限制等为约束条件,建立无人船编队任务分配模型,获得执行任务的计划方案。

1. 符号定义

N:动态目标的集合,$N=\{1,2,\cdots,n\}$,i 与 j 为目标的位置,$i,j\in\{0\}\cup N$,且 $i\neq j$;

V:无人船数量的集合,$V=\{1,2,\cdots,v\}$,且 $k\in V$;

W:不同类型交付物品的集合,$W=\{1,2,\cdots,w\}$,且 $m\in W$;

c:无人船的有效载荷能力;

g:船体固定交付物品携带点数量;

v:无人船的航行速度;

a_i:交付任务中动态目标的需求;

t_{kj}:第 k 个无人船到达目标 i 所需时间;

t_{ij}:目标 i 和目标 j 之间的航行时间;

d_{ij}:目标 i 和目标 j 之间的距离,且 $d_{ij}=v\cdot t_{ij}$;

s_i:完成目标 i 的任务所需时间;

e_i:完成目标 i 的最早时间;

l_i:完成目标 i 的最迟时间,且 $e_i\leqslant l_i$;

f_m:m 型物品成本,且 $m\in W$;

q_m:m 型物品的质量,且 $m\in W$;

b_{im}:m 型物品对目标 i 的满足程度,且 $m\in W$;

x_{ijk}:0 或 1 变量,当第 k 个无人船到达目标顺序是由 i 到 j 时,该值为 1,否则为 0;

y_{kmi}:0 或 1 变量,当第 k 个无人船携带物品 m 到达目标 i 处时,该值为 1,否则为 0;

w_{ki}:完成目标 i 处的任务需要等待的时间;

x、y:无人船在 X 与 Y 方向的坐标;

ψ:艏摇角;

u:纵向速度;

r:艏摇角速度;

v:前进速度;

$\boldsymbol{\eta}$:采样周期内无人船 k 在坐标点的位置和航向角,$\boldsymbol{\eta}=[x,y,\psi]_k^T$;

$\boldsymbol{v}$:无人船 k 在坐标系中的前向速度、侧滑速度、转向角速度,$\boldsymbol{v}=[u,v,r]_k^T$;

s_v:在控制信号周期 T 内的边界路径状态,使无人船在给定的决策路径上航行;

T:无人船的路径采样周期;

y_v^0:时间初始化后无人船携带交付物品的一个具有线性变化的数值,是由物品在持续减少时所导致变化的量;

u_v:在路径采样时间内无人船的速度;

m:无人船的质量;

m_c:时间初始化后的物体负载;

x_g:无人船的重心与固定坐标系原点之间的距离;

I_z:偏航中的惯性;

M_A:船体在流体动力厂中的附加质量[163],$M_A \in \boldsymbol{R}^{3\times3}$。

2. 无人船的运动描述

结合无人船的运动学模型对其在给定的航行路径上进行状态控制,则运动学方程有

$$\begin{cases} \dot{x}=u\cos\psi-v\sin\psi \\ \dot{y}=u\sin\psi+v\cos\psi \\ \dot{\psi}=r \end{cases} \tag{6.11}$$

6.3.2 无人船任务分配模型

以成本最小为目标的混合整数规划模型表示如下:

$$\min Z = P_1\sum_{j=1}^n\sum_{k=1}^u x_{0jk} + P_2\sum_{m=1}^w\sum_{k=1}^u\sum_{i=1}^n f_m y_{kmi} + P_3\sum_{i=0}^n\sum_{j=0}^n\sum_{k=1}^u d_{ij}x_{ijk} \tag{6.12}$$

约束条件为

$$\sum_{k=1}^u\sum_{i=0,i\neq j}^n x_{ijk}=1, \quad \forall i\in N;j\in N;k\in U \tag{6.13}$$

$$\sum_{k=1}^u\sum_{j=0,j\neq i}^n x_{ijk}=1, \quad \forall i\in N;j\in N;k\in U \tag{6.14}$$

$$\sum_{i=0}^n x_{ipk}=\sum_{j=0}^n x_{pjk}, \quad \forall i\in N;j\in N;k\in U;p=0,1,\cdots,n \tag{6.15}$$

$$\sum_{j=1}^n x_{0jk}=\sum_{i=1}^n x_{i0k}, \quad \forall i\in N;j\in N;k\in U \tag{6.16}$$

$$\sum_{j=1}^n x_{0jk}\neq\sum_{i=1}^n x_{i0k}, \quad \forall i\in N;j\in N;k\in U \tag{6.17}$$

$$\sum_{m=1}^{w} q_m \sum_{i=1}^{n} y_{kmi} \leq c_k, \quad \forall i \in N; k \in U; m \in W \tag{6.18}$$

$$\sum_{m=1}^{w} \sum_{i=1}^{n} y_{kmi} \leq g_k, \quad \forall i \in N; k \in U; m \in W \tag{6.19}$$

$$\sum_{k=1}^{u} \sum_{m=1}^{w} b_{im} y_{kmi} \geq a_i, \quad \forall i \in N; k \in U; m \in W \tag{6.20}$$

$$\sum_{m=1}^{w} y_{kmi} \leq g \sum_{j=1}^{n} x_{ijk}, \quad \forall i \in N; k \in U; m \in W; j \in N \tag{6.21}$$

$$t_{ki} + t_{ij} + w_{ki} + s_i - L(1 - x_{ijk}) \leq t_{kj}, \quad \forall i \in N; j \in N; k \in U \tag{6.22}$$

$$t_{ki} + w_{ki} \geq e_i, \quad \forall i \in N; j \in N \tag{6.23}$$

$$t_{ki} + w_{ki} + s_i \leq l_i, \quad \forall i \in N; j \in N \tag{6.24}$$

$$t_{ki} \geq 0, \quad \forall i \in N; k \in U \tag{6.25}$$

$$y_{kmi} \geq 0, \quad \forall k \in U; i \in N; m \in W \tag{6.26}$$

$$x_{ijk} \in \{0,1\}, \quad \forall i \in N; j \in N; k \in U \tag{6.27}$$

式(6.12)为完成补给任务的总成本,目标函数第一项为无人船使用成本;第二项为交付物品成本;第三项为无人船完成任务航行成本。约束(6.13)与约束(6.14)规定每个目标只能被在当前情况下补充货物一次。约束(6.15)与约束(6.16)规定无人船到达目标地点执行任务后返回基地,并且要求是同一艘无人船。约束(6.17)规定无人船到达目标地点执行任务后不返回基地。约束(6.18)规定无人船的运载能力上限。约束(6.19)规定每个无人船的物品携带数量不会超过最大值的限制。约束(6.20)规定物品类型满足每个目标的交付需求。约束(6.21)建立了 y_{kmi} 与 x_{ijk} 之间的联系,表示对无人船目标 i 所交付的物品小于携带物品的数量。约束(6.22)规定如果第 k 个无人船从目标任务点 i 航行到目标任务点 j,并要求它不能在 $t_{ki} + t_{ij} + w_{ki} + s_i$ 之前到达目标点 j。约束(6.23)与约束(6.24)规定所有目标任务将在其时间约束内完成交付。约束(6.25)与约束(6.26)表示决策变量 t_{ki} 和 y_{kmi} 为正。约束(6.27)表示决策变量 x_{ijk} 为二进制。在距离成本项计算中,引入时间窗约束,要求无人船从距离其较近的动态目标开始完成交付任务。

6.3.3 无人船路径控制模型

本模型的目的是使无人船在给定的路径上稳定航行,最终完成设置的交付任务。将无人船从控制中心获得指令后所有行动称为路径控制过程,该过程可看作闭环系统控制,对分布式信号控制器与 PID 控制器的输出变量进行拟合,减少路径偏差,路径控制成本最小目标函数表示如下:

$$Z_c(k) = \min \sum_{v \in V(k)} \left[P_4 \| \boldsymbol{\eta}(k) - \boldsymbol{\eta}(k+1) \|_2^2 + P_5 \| s_v(k+1) - s_v(k) \|_2^2 + \right.$$
$$\left. P_6 \| v(k+1) - v(k) \|_{M(k)}^2 \right] \tag{6.28}$$

$$M(k) = \begin{bmatrix} m + m_c y_v^0(k) & 0 & 0 \\ 0 & m + m_c y_v^0(k) x_g & m + m_c y_v^0(k) x_g \\ 0 & m + m_c y_v^0(k) x_g & I_z \end{bmatrix} + M_A \tag{6.29}$$

$$s_v(k+1)=s_v(k)+v(k)T_s \tag{6.30}$$

式(6.28)为控制成本目标函数,通过无人船输出变量与控制变量取范数矩阵最小,使无人船在给定路径上以路径偏差成本最小的方式航行,同时减少了运动船体速度与角度在设置路径上的波动。式(6.29)为船体附加质量,随时间变化后影响着船体速度。式(6.30)为路径边界的控制状态。根据下层控制模型中的三项范数对 Z_c 影响的敏感性,成本函数中权重设置 $P_4=P_5=100,P_6=1$。

6.4　算法与计算步骤

无人机对动态目标轨迹预测模型、无人船任务分配模型的计算,以及无人船编队的路径控制模型的求解,都是利用第 3 章提出的 CSPSO 算法来完成求解的。

6.4.1　轨迹预测计算步骤

将算法粒子的运动维度设置为 1,再将其速度维度拆分为水平方向与竖直方向,利用算法求解轨迹预测模型,获得下一时间节点的位置信息,具体步骤如下:

步骤 1:设置算法参数与算法初始化,同时初始化 Simulink 模块中的时间设置。

步骤 2:设置无人机对动态的目标运动取样的时间间隔分别为 1 s、2 s、3 s、4 s、5 s 等,分别获得 5 次取样目标的地理坐标,并对平均位移求导,获得速度、角度变化等信息,再根据反馈结果重新设置取样时间。

步骤 3:将式(6.7)带入 CSPSO 算法的位置更新公式,不断优化预测路径与实际路径之间的距离误差。

步骤 4:如果根据 CSPSO 算法预测位置与实际取样位置的平均误差小于 5%,则输出预测结果,否则继续在步骤 2 中切换取样时间,并在步骤 3 中进行取样计算,直到输出满意的预测结果。

步骤 5:输出跟踪预测结果,并保持更新。

步骤 6:结束。

6.4.2　任务分配计算步骤

在成本核算中,根据补给需求、无人船数量、航行距离等确定总成本,将所补给任务的目标在邻近区域内划分,具体步骤如下:

步骤 1:设置算法参数,对粒子种群进行初始化,产生多个任务方案。

步骤 2:添加任务约束,逆向计算三段的成本方案,其中包括物品成本、无人船成本、路径成本,将每个粒子作为一个初始的成本方案进行迭代。

步骤 3:对符合约束条件的方案不断保留,并计算其适应度值。

步骤 4:保留适应度值最小的方案,当有多个最小适应度相同的粒子时,依次选择无人船最少、路径最短、物体成本最少的进行保存。

步骤 5:输出最终分配方案。

步骤 6:结束。

6.5　数值算例分析

本节中的试验计算与分析包括两部分内容,第一部分为无人机对动态目标轨迹跟踪与预测计算,第二部分为无人船的任务分配与路径控制的试验计算。

试验计算使用的算法与算法设置同第 3 章所使用的 CSPSO 算法,计算环境均在 Window10 Intel(R)Core(TM)i5-4590 CPU @ 3.30 GHz 8+64 G 系统中进行。

6.5.1　轨迹跟踪与预测分析

无人机对动态目标进行若干周期的取样观测,根据观测误差来调整自身状态,实现目标的跟踪。再利用动态目标的位移与速度变化,来预测动态目标的运动轨迹。无人机参数设置如下:无人机的速度调整范围 $V = 5 \sim 15$ m/s,最大飞行高度 $H = 100$ m,机载传感器视角 $\theta = 45°$,最大侧倾角速度 $\dot{\varphi}_{max} = 1.1$ rad/s,最大滚动角度 $\varphi_{max} = 0.785$ rad/s。目标与无人机之间的理想距离 $d_p = 30$ m,以保证无人机在空中对动态目标跟踪的安全性和质量。将无人机对自身速度、路线、位置改变的时间定义为调整周期 $T = 3$ s。假设动态目标的速度为 3 m/s,以飞行范围 500 m×500 m 为例进行跟踪预测。信号传输为无线电波,命令传送时间忽略。无人机对水面运动的目标进行搜索跟踪,产生效果如图 6.5 所示。

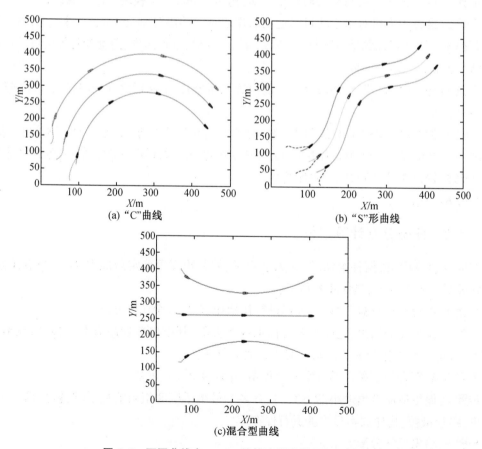

(a) "C"曲线　　　(b) "S"形曲线

(c)混合型曲线

图 6.5　不同曲线在 $T = 3$ s 的轨迹跟踪效果与跟踪误差

在图 6.5 中,取样时间为 3 s 时,给出了无人机对水面动态目标运动以方式为“C”形、“S”形、混合型曲线的轨迹跟踪与预测的状态展示。无人机在取样开始时以虚线的方式模拟跟踪,且在较短的距离后,无人机的预测轨迹与目标运动轨迹发生重合,满足对目标轨迹预测需求。三种曲线都是在约为 12 s 内完成跟踪,说明无人机的计算与反应速度较快。

此外,利用前文提及的均方误差、平均绝对误差、均方根误差指标来评估不同类型曲线路径的预测效果,获得计算数值如表 6.1、表 6.2、表 6.3 所示。

表 6.1　不同算法在“C”形曲线轨迹预测的评估结果

算法	MSE				MAE				RMSE			
	B	W	Mean	std.	B	W	Mean	std.	B	W	Mean	std.
PSO	0.52	0.92	0.64	0.23	0.77	1.28	0.97	0.46	0.88	1.13	0.98	0.68
GA	0.56	0.84	0.73	0.66	0.92	1.30	1.09	0.57	0.96	1.14	1.04	0.75
QPSO	0.39	0.67	0.47	0.15	0.64	1.02	0.87	0.39	0.80	1.01	0.93	0.62
PSO-GA	0.17	0.29	0.21	0.24	0.58	0.69	0.65	0.38	0.65	0.83	0.81	0.62
CSPSO	0.11	0.31	0.16	0.28	0.44	0.52	0.51	0.27	0.66	0.72	0.71	0.52

注:B 为最好计算结果;W 为最坏计算结果;Mean 为平均计算结果;std. 为计算结果的标准差。下表同理。

表 6.2　不同算法在“S”形曲线轨迹预测的评估结果

算法	MSE				MAE				RMSE			
	B	W	Mean	std.	B	W	Mean	std.	B	W	Mean	std.
PSO	0.64	1.09	0.77	0.34	0.93	1.63	1.17	0.44	0.96	1.28	1.08	0.66
GA	0.68	1.02	0.85	0.54	1.07	1.72	1.24	0.57	1.04	1.28	1.14	0.75
QPSO	0.51	0.85	0.61	0.71	0.83	1.38	1.07	0.49	0.89	1.17	1.03	0.70
PSO-GA	0.29	0.46	0.32	0.41	0.74	0.85	0.85	0.36	0.86	1.02	0.92	0.62
CSPSO	0.23	0.48	0.29	0.46	0.60	0.87	0.71	0.22	0.77	0.93	0.84	0.51

表 6.3　不同算法在混合型曲线轨迹预测的评估结果

算法	MSE				MAE				RMSE			
	B	W	Mean	std.	B	W	Mean	std.	B	W	Mean	std.
PSO	0.69	1.11	0.84	0.41	0.98	1.66	1.23	0.46	0.99	1.22	1.09	0.65
GA	0.52	1.52	0.84	0.45	1.21	1.77	1.36	0.59	1.00	1.21	1.17	0.62
QPSO	0.48	0.79	0.54	0.77	0.84	1.39	1.21	0.41	0.72	1.10	1.02	0.88
PSO-GA	0.26	0.53	0.51	0.38	0.62	0.89	0.86	0.34	0.70	1.00	0.93	0.53
CSPSO	0.21	0.42	0.30	0.35	0.63	0.89	0.68	0.20	0.70	0.89	0.68	0.45

在表 6.1、表 6.2、表 6.3 中,相比其他算法,CSPSO 算法获得 MSE、MAE、RMSE 值的平均数与标准差较小,说明 CSPSO 算法轨迹预测准确性高,轨迹波动范围较小。PSO-GA 在 MSE 指标上的表现是可以接受的,但不如 CSPSO 算法表现好。标准的 QPSO 算法在轨迹预测上的表现要好于 PSO 算法与 GA,PSO 算法与 GA 预测结果较为相似,但都差于 CSPSO 算法的预测效果。

此外,随着轨迹的复杂性提升,三个指标的数值也会增加,说明路径复杂度对轨迹预测具有一定的影响。设置较短的采样时间也可提升轨迹预测的准确性,但会导致无人机不断调整自身跟踪状态,机体稳定性会降低。设置较大的迭代次数与种群规模也会提升轨迹预测的准确性,但需要更多的计算时间,两次取样间隔的时间会增加。因此,本书在计算轨迹预测时,取样时间为 3 s,算法的最大迭代次数为 80,种群为 30,计算时间平均约为 0.898 s,说明在设置的采样时间内能够得到下一次的预测结果,使无人机更好地跟踪与预测动态目标的运动,并有足够的时间来调整无人机的飞行状态,保证了无人机机体的稳定性。

6.5.2 任务分配计算与分析

先用 CPLEX 求解小规模数量补给任务。随着规模数量变大,CPLEX 无法进行有效求解,则在 CPLEX 中嵌入自适应性邻域搜索(adaptive neighborhood search, ALNS)算法的规则来求解[164]。最后,利用本章提出的 CSPSO 算法求解并与前两种方法对比。

将无人船航行区域离散为 1 000×1 000 的网格来计算距离成本。随机生成 20 个、50 个、100 个动态目标的坐标与它们的需求。模型中的三项成本都可以用价格进行衡量,成本权重 $P_1 = P_2 = P_3 = 1$。无人船、无人机、携带物体等的具体参数如表 6.4 所示。

表 6.4 试验参数

对象	参数	特征
携带物体	价格	0.002 7 万元/个
	质量	150 kg/个
无人船	负载能力	无人船 1:600 kg
		无人船 2:900 kg
		无人船 3:1 200 kg
	携带数量	无人船 1:4 个
		无人船 2:6 个
		无人船 3:8 个
	使用成本	无人船 1:1.5 万元
		无人船 2:1.7 万元
		无人船 3:2.4 万元
	速度	150 km/h
	航行成本	0.04 万元/km
无人机	使用成本	2.5 万元
目标数量	20 个、50 个、100 个	位置坐标随机生成
航行距离	无人船与目标之间	0.01 万 km

　　无人船在完成任务过程中,先对动态目标进行聚类划分,将多个目标作为一组依次完成设置的交付任务,将随机生成粒子重复计算 10 次,对计算获得函数值与计算时间取平均数。CSPSO 算法最大迭代次数为 300,CPLEX 与 ALANS-CPLEX 的计算时间最高设置为 10 min,结果如表 6.5 所示。

表 6.5　不同规模的动态目标任务计算结果

N	W	C/kg	CPLEX			CSPSO		
			U	Z	t/s	U	Z	t/s
10	4	600	8	259.74	1 088.21	9	259.74	4.04
	6	900	4	254.39	1 254.96	3	254.39	3.16
	8	1 200	2	253.02	1 652.78	3	253.02	3.27
10	4	600	6	278.61	1 024.33	5	278.61	3.64
	6	900	3	265.73	1 025.71	3	265.73	4.87
	8	1 200	3	258.09	1 279.46	5	258.09	5.91
30	4	600	11	884.46	4 989.64	10	892.46	10.21
	6	900	3	676.19	4 787.35	4	688.19	11.23
	8	1 200	6	502.71	5 963.48	5	515.71	11.06
30	4	600	10	913.62	5 716.48	10	913.78	13.66
	6	900	7	749.08	4 094.56	7	773.08	12.74
	8	1 200	4	698.07	5 994.71	4	706.07	10.83
ALANS-CPLEX								
50	4	600	21	1 787.91	571.47	16	1 765.45	18.63
	6	900	12	1 557.66	432.46	12	1 521.48	17.46
	8	1 200	9	1 562.90	767.61	10	1 486.77	17.02
50	4	600	18	1 792.67	652.71	17	1 863.64	19.56
	6	900	15	1 588.81	971.87	10	1 567.93	18.88
	8	1 200	8	1 543.68	928.43	7	1 419.30	26.31
100	4	600	56	4 188.43	873.94	49	4 023.97	20.46
	6	900	36	3 826.59	775.62	36	3 967.71	15.41
	8	1 200	18	3 557.60	946.55	18	3 446.65	16.88
100	4	600	65	9 210.84	864.94	56	8 878.64	20.78
	6	900	23	7 484.95	676.42	47	7 071.82	24.67
	8	1 200	23	4 827.82	746.59	28	4 929.07	20.46

注:N 为生成的目标数量;W 为无人船上携带点的数量,不同数量的携带点所用无人船的成本不同;C 为物体在无人船的总载重;U 为无人船的数量;Z 为成本函数的目标值;t 为计算时间;ALANS-CPLEX 为将邻域搜索算法的计算规则添加在 CPLEX 中的计算。

由表6.5可知,在目标任务点为10~30个时,CPLEX求解的总任务成本较小,与CSPSO算法获得的结果较为接近,只是CPLEX耗时较长。目标在50个及以上时,CPLEX求解器很难在规定的时间完成求解。然而,CSPSO算法在50个目标的计算中,获得的方案成本相对较低,并且计算速度较快。在CPLEX中嵌入ALANS的计算规则后,计算时间会缩短,但至少需要432.46 s获得成本较小的任务方案,相对于单独使用CPLEX节约时间明显。CSPSO算法在计算100个目标任务时,计算时间最少为15 s,ALANS-CPLEX的计算时间为676.42 s,说明CSPSO算法求解速度较快。在计算成本上,CSPSO算法多数情况下要好于ALANS-CPLEX。因此,在无人船补给任务的成本计算上,CSPSO算法表现出较好的计算能力。

6.5.3 路径控制计算与分析

设无人船的速度为15~20 m/s,船体平台6.5 m,10~15个物体携带点。利用3艘无人船完成30个目标点补给任务,对无人船编队的运动路径进行设计。无人船的起始点与航行路径如图6.6所示。

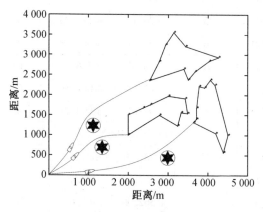

图6.6 任务分配

在图6.6中,结合需求与目标距离,对30个任务点进行聚类划分,获得成本低的遍历分配方案。派3艘无人船前往完成补给任务。以航行路径最短为原则,无人船编队进行避碰操作,沿给定路径航行。图6.6中显示无人船能够有效躲避障碍物,到达指定位置,依次完成补给任务。

为确保无人船能够在给定路径上稳定航行,通过分布式信号器对无人船的速度、角速度、输出力的安全范围与波动性进行监测,获得结果如图6.7所示。

如图6.7所示,图6.7(a)为无人船速度与角速度的波动情况,并且无人船完成避碰操作后速度指标仍然都在安全范围内。图6.7(b)为无人船控制输出方向力与力矩的变化情况,也在安全范围内。

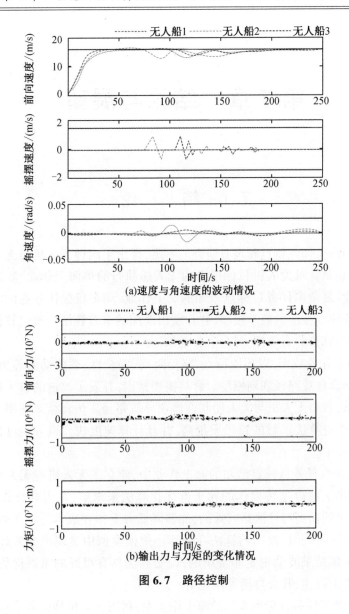

(a)速度与角速度的波动情况

(b)输出力与力矩的变化情况

图 6.7　路径控制

6.6　本章小结

　　本章中,利用无人机对动态目标进行搜索与跟踪,并对动态目标运动方位进行预测。无人船根据目标的需求、数量、距离等,建立执行任务总成本最小的任务分配数学模型,获得任务执行方案。此外,对无人船的航行路径进行控制,确保其在给定的路径上稳定航行。试验结果表明:提出模型能够准确预测目标轨迹与降低作业成本,并使无人船稳定地在给定路径上航行。

第7章 结论与展望

7.1 结　　论

根据不同类型海上作业特点和现有研究的不足,提出了四种无人机与无人船联合执行海上作业模式,分别是针对无人机目标搜索的无人船执行简单海上作业、复杂多任务目标点已知的海上作业、复杂多任务目标点未知的海上作业、动态目标任务点的海上作业。为不同类型海上作业建立相应的数学模型,并开发出匹配的求解算法。通过算例求解与结果分析,证明了模型与算法的有效性,对全书总结如下:

(1)为提高海上作业效率,以环境特点、路径距离、安全性、载体动力等为约束,建立了无人机与无人船联合作业路径规划模型。针对模型特点,开发了改进的粒子群与量子粒子群优化算法来求解,获得无人机与无人船联合作业导航路径。仿真结果证明了模型和算法的有效性,提出的改进算法求解的路径质量高,并且计算速度快。该方案可推广到海上打捞、紧急救援等作业中。

(2)在完成复杂多任务目标点已知的海上作业中,建立了无人机与无人船联合作业路径规划模型,并提出了融合遗传操作的粒子群优化算法来求解,获得联合作业执行方案。试验结果显示:提出的模型与算法是有效的,能够降低海上作业成本与工作时间,并以效率较高的方式完成任务。同时,提出的算法在计算小规模案例中表现出非常好的稳定性,在大规模案例中的求解结果波动也是非常小的,说明算法具有很好的求解优势与计算精度。该方案可推广到海上投递、联合打捞等作业中。

(3)在完成复杂多任务目标点未知的海上作业中,利用无人机搜索并定位目标点,提出了无人船编队协同作业与避碰路径模型。针对模型特点,设计了用于同时求解单目标与多目标模型的改进粒子群优化算法。试验结果显示:提出的模型与算法是有效的,无人船编队获得了时间短的航行路径,并能够躲避静态与动态的障碍物。同时,提出的联合作业方式使无人船的任务路径减少,并根据资源分布,能够合理地进行任务分配。该方案可以推广到海上巡逻、海水养殖等作业中。

(4)在完成目标任务点动态情况下的海上作业中,提出了无人机目标跟踪与轨迹预测模型,以及无人船的任务计划与路径控制模型,获得了执行动态任务的路径方案。试验结果表明:提出的联合作业方法能够准确定位目标点,无人船获得了效率高、成本低的路径方案。同时,无人船能够在给定的路径上稳定航行,输出的速度与力都在安全范围内。该方案可以推广到海上补给、目标打击等作业中。

为适应海上作业需求,针对不同类型的海上任务提出了无人机与无人船联合作业方法,能够更好地促进海洋事业的发展。研究成果可应用于海洋管理部门的海上作业,在此建议下,相应的管理人员能以高效率、低成本的方式完成海上作业。

7.2 展　　望

本书对无人船与无人机联合作业路径规划进行了研究,目前为止,仍有很多问题值得进一步研究,现对未来研究方向做以下展望:

第一,无人机的定位计算。本书给出的无人机定位方法仅是针对静态目标进行的,未来将会开发出计算速度快、准确性高的动态目标定位方法与求解算法,使无人机与无人船的相互协作更加紧密。

第二,无人船的运动控制。当无人机获得目标位置后,无人船对目标靠近。当目标在无人船的观测范围内时,无人船的路径跟踪与规划非常重要,无人船所获得的目标信息要远远准确于无人机,无人机仅是做一个粗定位。因此,未来研究无人船的运动控制是非常有必要的。

第三,无人机与无人船联合作业方法在其他无人载体上的应用。无人载体的控制在一定程度上具有普遍性。因此,可将本书的无人机与无人船的合作模式推广到无人机与无人车、无人机与无人水下舰艇、无人船与无人水下舰艇等方面的合作研究。

参 考 文 献

[1] 徐玉如, 苏玉民, 庞永杰. 海洋空间智能无人运载器技术发展展望[J]. 中国舰船研究, 2006, 1(3): 1-4.

[2] 刘陆. 欠驱动无人船的路径跟踪与协同控制[D]. 大连: 大连海事大学, 2018.

[3] 严卫生, 左磊, 崔荣鑫, 等. 洋流干扰下的多自主水面无人船最优覆盖控制[J]. 西北工业大学学报, 2014, 32(5): 769-774.

[4] 郭兴海, 计明军, 温都苏, 等. "最后一公里"配送的分布式多无人机的任务分配和路径规划[J]. 系统工程理论与实践, 2021, 41(4): 946-961.

[5] CHEN J, ZHANG X, XIN B, et al. Coordination between unmanned aerial and ground vehicles: A taxonomy and optimization perspective[J]. IEEE Transactions on Cybernetics, 2016, 46(4): 959-972.

[6] MURPHY R R, STEIMLE E, GRIFFIN C, et al. Cooperative use of unmanned sea surface and micro aerial vehicles at Hurricane Wilma[J]. Journal of Field Robotics, 2008, 25(3): 164-180.

[7] RAMÍREZ F F, BENITEZ D S, PORTAS E B, et al. Coordinated sea rescue system based on unmanned air vehicles and surface vessels[C]//OCEANS 2011 IEEE - Spain. Santander, Spain. IEEE, 2011: 1-10.

[8] YANG T T, JIANG Z, SUN R J, et al. Maritime search and rescue based on group mobile computing for unmanned aerial vehicles and unmanned surface vehicles[J]. IEEE Transactions on Industrial Informatics, 2020, 16(12): 7700-7708.

[9] JUNG S, CHO H, KIM D, et al. Development of algal bloom removal system using unmanned aerial vehicle and surface vehicle[J]. IEEE Access, 2017, 5: 22166-22176.

[10] FARIA M, PINTO J, PY F, et al. Coordinating UAVs and AUVs for oceanographic field experiments: Challenges and lessons learned[C]//2014 IEEE International Conference on Robotics and Automation (ICRA). Hong Kong, China. IEEE, 2014: 6606-6611.

[11] SUJIT P B, SARIPALLI S. An empirical evaluation of co-ordination strategies for an AUV and UAV[J]. Journal of Intelligent & Robotic Systems, 2013, 70(1): 373-384.

[12] BINGHAM B S, PRECHTL E F, WILSON R A. Seakeeping system trades for coordinated air-surface-underwater operations[C]//OCEANS. Quebec City, QC, Canada. IEEE, 2009: 1-9.

[13] WU Y. Coordinated path planning for an unmanned aerial-aquatic vehicle (UAAV) and an autonomous underwater vehicle (AUV) in an underwater target strike mission[J]. Ocean Engineering, 2019, 182: 162-173.

[14] WU Y, LOW K H, LV C. Cooperative path planning for heterogeneous unmanned vehicles in a search-and-track mission aiming at an underwater target[J]. IEEE Transactions on Vehicular Technology, 2020, 69(6): 6782-6787.

[15] PEARSON D, AN E, DHANAK M, et al. High-level fuzzy logic guidance system for an unmanned surface vehicle (USV) tasked to perform autonomous launch and recovery (ALR) of an autonomous underwater vehicle (AUV)[C]//2014 IEEE/OES Autonomous Underwater Vehicles (AUV). Oxford, MS, USA. IEEE, 2015: 1-15.

[16] VASILIJEVIC A, NAD D, MANDIC F, et al. Coordinated navigation of surface and underwater marine robotic vehicles for ocean sampling and environmental monitoring[J]. IEEE/ASME Transactions on Mechatronics, 2017, 22(3): 1174-1184.

[17] HONG S M, NAM K S, RYU J D, et al. Development and field test of unmanned marine vehicle (USV/UUV) with cable[J]. IEEE Access, 2020, 8: 193347-193355.

[18] ZHANG J M, XIONG J F, ZHANG G Y, et al. Flooding disaster oriented USV & UAV system development & demonstration[C]//OCEANS 2016 - Shanghai. Shanghai, China. IEEE, 2016: 1-4.

[19] ZHANG B, WANG D L, WANG J C. Formation control for multiple heterogeneous unmanned aerial vehicles and unmanned surface vessels system[C]//2019 Chinese Automation Congress (CAC). Hangzhou, China. IEEE, 2020: 4920-4925.

[20] VASILIJEVIC A, CALADO P, LOPEZ-CASTEJON F, et al. Heterogeneous robotic system for underwater oil spill survey[C]//OCEANS 2015 - Genova. Genova, Italy. IEEE, 2015: 1-7.

[21] 晏洋. 无人船、无人机在太湖水域搜救应急应用[J]. 交通企业管理, 2020, 35(4): 89-91.

[22] OZKAN M F, CARRILLO L R G, KING S A. Rescue boat path planning in flooded urban environments[C]//2019 IEEE International Symposium on Measurement and Control in Robotics (ISMCR). Houston, TX, USA. IEEE, 2020: B2-2.

[23] KOO J, JUNG S, MYUNG H. A jellyfish distribution management system using an unmanned aerial vehicle and unmanned surface vehicles[C]//2017 IEEE Underwater Technology (UT). Busan, Korea (South). IEEE, 2017: 1-5.

[24] MURPHY R, STOVER S, PRATT K, et al. Cooperative damage inspection with unmanned surface vehicle and micro unmanned aerial vehicle at hurricane wilma[C]//2006 IEEE/RSJ International Conference on Intelligent Robots and Systems. Beijing, China. IEEE, 2007: 9.

[25] MARQUES M, GATTA M, BARRETO M, et al. Assessment of a shallow water area in the Tagus estuary using unmanned underwater vehicle (or AUV's), vector-sensors, unmanned surface vehicles, and hexacopters-REX'17[C]//2018 OCEANS-MTS/IEEE Kobe Techno-Oceans (OTO). Kobe, Japan. IEEE, 2018: 1-5.

[26] SOLLESNES E, BROKSTAD O M, BOE R K, et al. Towards autonomous ocean observ-

ing systems using Miniature Underwater Gliders with UAV deployment and recovery capabilities[C]//2018 IEEE/OES Autonomous Underwater Vehicle Workshop (AUV). Porto, Portugal. IEEE, 2019: 1-5.

[27] ZHANG H D, HE Y Q, LI D C, et al. Marine UAV-USV marsupial platform: System and recovery technic verification[J]. Applied Sciences, 2020, 10(5): 1583.

[28] LIU S, WANG C X, ZHANG A M. A method of path planning on safe depth for unmanned surface vehicles based on hydrodynamic analysis[J]. Applied Sciences, 2019, 9 (16): 3228.

[29] ROSS J, LINDSAY J, GREGSON E, et al. Collaboration of multi-domain marine robots towards above and below-water characterization of floating targets[C]//2019 IEEE International Symposium on Robotic and Sensors Environments (ROSE). Ottawa, ON, Canada. IEEE, 2019: 1-7.

[30] 胡焕明, 李中贤, 吴旦. 基于"5G+无人机无人船"的工业互联网数据采集平台方案研究[J]. 电信技术, 2019(8): 26-28.

[31] 颜瑞, 陈立双, 朱晓宁, 等. 考虑区域限制的卡车搭载无人机车辆路径问题研究[J]. 中国管理科学, 2022, 30(5): 144-155.

[32] XIA Y S, SHI J M, CHEN C. Vehicle Aircraft Cooperative multi area coverage reconnaissance path planning method[J]. Journal of Command and Control, 2020, 6 (04): 372-380.

[33] 徐文菁. 非确定环境下无人机与无人车动态协同设计[J]. 洛阳理工学院学报(自然科学版), 2019, 29(4): 64-70.

[34] YU X B, LI C L, ZHOU J F. A constrained differential evolution algorithm to solve UAV path planning in disaster scenarios[J]. Knowledge-Based Systems, 2020, 204: 106209.

[35] KIM S H, PADILLA G E·G, KIM K J, et al. Flight path planning for a solar powered UAV in wind fields using direct collocation[J]. IEEE Transactions on Aerospace and Electronic Systems, 2020, 56(2): 1094-1105.

[36] QU C Z, GAI W D, ZHONG M Y, et al. A novel reinforcement learning based grey wolf optimizer algorithm for unmanned aerial vehicles (UAVs) path planning[J]. Applied Soft Computing, 2020, 89: 106099.

[37] LIU Y, ZHANG X J, ZHANG Y, et al. Collision free 4D path planning for multiple UAVs based on spatial refined voting mechanism and PSO approach[J]. Chinese Journal of Aeronautics, 2019, 32(6): 1504-1519.

[38] ZHANG X Y, LU X Y, JIA S M, et al. A novel phase angle-encoded fruit fly optimization algorithm with mutation adaptation mechanism applied to UAV path planning[J]. Applied Soft Computing, 2018, 70: 371-388.

[39] DAI R, FOTEDAR S, RADMANESH M, et al. Quality-aware UAV coverage and path planning in geometrically complex environments[J]. Ad Hoc Networks, 2018, 73: 95-105.

[40] WU X D, BAI W B, XIE Y E, et al. A hybrid algorithm of particle swarm optimization,

metropolis criterion and RTS smoother for path planning of UAVs[J]. Applied Soft Computing, 2018, 73: 735-747.

[41] HUANG L W, QU H, JI P, et al. A novel coordinated path planning method using k-degree smoothing for multi-UAVs[J]. Applied Soft Computing, 2016, 48: 182-192.

[42] CHEN Y B, YU J Q, MEI Y S, et al. Modified central force optimization (MCFO) algorithm for 3D UAV path planning[J]. Neurocomputing, 2016, 171: 878-888.

[43] PEHLIVANOGLU Y V. A new vibrational genetic algorithm enhanced with a Voronoi diagram for path planning of autonomous UAV[J]. Aerospace Science and Technology, 2012, 16(1): 47-55.

[44] KRISHNAN P S, MANIMALA K. Implementation of optimized dynamic trajectory modification algorithm to avoid obstacles for secure navigation of UAV[J]. Applied Soft Computing, 2020, 90: 106168.

[45] YUE W, GUAN X H, WANG L Y. A novel searching method using reinforcement learning scheme for multi-UAVs in unknown environments[J]. Applied Sciences, 2019, 9 (22): 4964.

[46] BOULARES M, BARNAWI A. A novel UAV path planning algorithm to search for floating objects on the ocean surface based on object's trajectory prediction by regression[J]. Robotics and Autonomous Systems, 2021, 135: 103673.

[47] 张国印, 孟想, 李思照. 基于果蝇优化算法的无人机航路规划方法[J]. 无线电通信技术, 2021, 47(3): 344-352.

[48] 李晓辉, 苗苗, 冉保健, 等. 基于改进 A* 算法的无人机避障路径规划[J]. 计算机系统应用, 2021, 30(2): 255-259.

[49] ZHOU B, GUO Y, LI N. UAV path planning based on oriented reinforcement Q-learning [J]. Acta Aeronautica Sinica, 2021, 42 (1): 1-8.

[50] 杜楠楠, 陈建, 马奔, 等. 多太阳能无人机覆盖路径优化方法[J]. 航空学报, 2021, 42(6): 477-492.

[51] FU S, YANG X Y. Intelligent path planning of UAV in data collection of internet of things[J]. Acta Communication Sinica, 2021, 42 (2): 124-133.

[52] WANG T Y, ZHANG T. Research on navigation path tracking control of large scale plant protection UAV[J]. Mechanical Engineering and Automation, 2021, 1 (7): 41-44.

[53] 许卫卫, 张启钱, 邹依原, 等. 改进 A* 算法的物流无人机运输路径规划[J]. 华东交通大学学报, 2019, 36(6): 39-46.

[54] SONG R, LIU Y C, BUCKNALL R. Smoothed A* algorithm for practical unmanned surface vehicle path planning[J]. Applied Ocean Research, 2019, 83: 9-20.

[55] 严炜, 龙长江, 李善军. 基于差分量子退火算法的农用无人机路径规划方法[J]. 华中农业大学学报, 2020, 39(1): 180-186.

[56] HUANG J Y, FU X R. A review of road path planning strategy in UAV traffic management[J]. Science Technology and Innovation, 2020, 6 (1): 3-7.

[57] 黄小毛, 张垒, TANG L, 等. 复杂边界田块旋翼无人机自主作业路径规划[J]. 农业机械学报, 2020, 51(3): 34-42.

[58] 阚平, 姜兆亮, 刘玉浩, 等. 多植保无人机协同路径规划[J]. 航空学报, 2020, 41(4): 255-265.

[59] TAO T, JIA R. UAV decision-making for maritime rescue based on Bayesian network [C]//Proceedings of 2012 2nd International Conference on Computer Science and Network Technology. Changchun, China. IEEE, 2013: 2068-2071.

[60] XU Z C, HU B B, LIU B, et al. Vision-based autonomous landing of unmanned aerial vehicle on a motional unmanned surface vessel[C]//2020 39th Chinese Control Conference (CCC). Shenyang, China. IEEE, 2020: 6845-6850.

[61] PAPIĈ V, ŠOLIĈ P, MILAN A T, et al. High-resolution image transmission from UAV to ground station for search and rescue missions planning[J]. Applied Sciences, 2021, 11(5): 2105.

[62] MADRIDANO Á, AL-KAFF A, FLORES P, et al. Software architecture for autonomous and coordinated navigation of UAV swarms in forest and urban firefighting[J]. Applied Sciences, 2021, 11(3): 1258.

[63] DE LUIS-RUIZ J M, SEDANO-CIBRIÁN J, PEREDA-GARCÍ A R, et al. Optimization of photogrammetric flights with UAVs for the metric virtualization of archaeological sites application to juliobriga (Cantabria, Spain)[J]. Applied Sciences, 2021, 11(3): 1204.

[64] CHANG I C, LIAO C S, YEN C E. The energy-aware multi-UAV dispatch and handoff algorithm for maximizing the event communication time in disasters[J]. Applied Sciences, 2021, 11(3): 1054.

[65] WANG D Z, HUANG D Q, XU C, et al. A closed-form method for simultaneous target localization and UAV trajectory optimization[J]. Applied Sciences, 2020, 11(1): 114.

[66] LU Y T, MA Y F, WANG J Y, et al. Task assignment of UAV swarm based on wolf pack algorithm[J]. Applied Sciences, 2020, 10(23): 8335.

[67] LIU Y B, QI N M, YAO W R, et al. Cooperative path planning for aerial recovery of a UAV swarm using genetic algorithm and homotopic approach[J]. Applied Sciences, 2020, 10(12): 4154.

[68] LI Y X, YUAN X X, ZHU J E, et al. Multiobjective scheduling of logistics UAVs based on variable neighborhood search[J]. Applied Sciences, 2020, 10(10): 3575.

[69] ZHU M N, ZHANG X H, LUO H, et al. Optimization dubins path of multiple UAVs for post-earthquake rapid-assessment[J]. Applied Sciences, 2020, 10(4): 1388.

[70] IMAM R, PINI M, MARUCCO G, et al. UAV-based GNSS-R for water detection as a support to flood monitoring operations: A feasibility study[J]. Applied Sciences, 2019, 10(1): 210.

[71] WANG N, JIN X Z, ER M J. A multilayer path planner for a USV under complex marine

environments[J]. Ocean Engineering, 2019, 184: 1-10.

[72] MOUSAZADEH H, JAFARBIGLU H, ABDOLMALEKI H, et al. Developing a naviga-tion, guidance and obstacle avoidance algorithm for an Unmanned Surface Vehicle (USV) by algorithms fusion[J]. Ocean Engineering, 2018, 159: 56-65.

[73] WANG Z, LI G F, REN J. Dynamic path planning for unmanned surface vehicle in com-plex offshore areas based on hybrid algorithm[J]. Computer Communications, 2021, 166: 49-56.

[74] NIU H L, JI Z, SAVVARIS A, et al. Energy efficient path planning for Unmanned Sur-face Vehicle in spatially-temporally variant environment[J]. Ocean Engineering, 2020, 196: 106766.

[75] SONG R, LIU Y C, BUCKNALL R. Smoothed A* algorithm for practical unmanned sur-face vehicle path planning[J]. Applied Ocean Research, 2019, 83: 9-20.

[76] KIM H, KIM S H, JEON M, et al. A study on path optimization method of an unmanned surface vehicle under environmental loads using genetic algorithm[J]. Ocean Engineer-ing, 2017, 142: 616-624.

[77] YANG J M, TSENG C M, TSENG P S. Path planning on satellite images for unmanned surface vehicles[J]. International Journal of Naval Architecture and Ocean Engineering, 2015, 7(1): 87-99.

[78] LIU Y C, BUCKNALL R. Efficient multi-task allocation and path planning for unmanned surface vehicle in support of ocean operations[J]. Neurocomputing, 2018, 275: 1550-1566.

[79] SHAH B C, GUPTA S K. Long-distance path planning for unmanned surface vehicles in complex marine environment[J]. IEEE Journal of Oceanic Engineering, 2020, 45(3): 813-830.

[80] XU X L, LU Y, LIU X C, et al. Intelligent collision avoidance algorithms for USVs via deep reinforcement learning under COLREGs [J]. Ocean Engineering, 2020, 217: 107704.

[81] LI Y, ZHENG J. Real-time collision avoidance planning for unmanned surface vessels based on field theory[J]. ISA Transactions, 2020, 106: 233-242.

[82] LIANG X, QU X R, WANG N, et al. Swarm control with collision avoidance for multiple underactuated surface vehicles[J]. Ocean Engineering, 2019, 191: 106516.

[83] ZHAO Y X, LI W, SHI P. A real-time collision avoidance learning system for unmanned surface vessels[J]. Neurocomputing, 2016, 182: 255-266.

[84] SONG A L, SU B Y, DONG C Z, et al. A two-level dynamic obstacle avoidance algo-rithm for unmanned surface vehicles[J]. Ocean Engineering, 2018, 170: 351-360.

[85] ZHANG G Q, ZHANG C L, ZHANG X K, et al. ESO-based path following control for underactuated vehicles with the safety prediction obstacle avoidance mechanism[J]. O-cean Engineering, 2019, 188: 106259.

[86] SHEN H Q, HASHIMOTO H, MATSUDA A, et al. Automatic collision avoidance of multiple ships based on deep Q-learning[J]. Applied Ocean Research, 2019, 86: 268-288.

[87] TANG P P, ZHANG R B, LIU D L, et al. Local reactive obstacle avoidance approach for high-speed unmanned surface vehicle[J]. Ocean Engineering, 2015, 106: 128-140.

[88] YAO P, ZHAO R, ZHU Q. A hierarchical architecture using biased min-consensus for USV path planning[J]. IEEE Transactions on Vehicular Technology, 2020, 69(9): 9518-9527.

[89] GUO X H, JI M J, ZHAO Z W, et al. Global path planning and multi-objective path control for unmanned surface vehicle based on modified particle swarm optimization (PSO) algorithm[J]. Ocean Engineering, 2020, 216: 107693.

[90] VILLA J, AALTONEN J, KOSKINEN K T. Model-based path planning and obstacle avoidance architecture for a twin jet unmanned surface vessel[C]//2019 3rd IEEE International Conference on Robotic Computing (IRC). Naples, Italy. IEEE, 2019: 427-428.

[91] GU N, WANG D, PENG Z H, et al. Observer-based finite-time control for distributed path maneuvering of underactuated unmanned surface vehicles with collision avoidance and connectivity preservation[J]. IEEE Transactions on Systems, Man, and Cybernetics: Systems, 2021, 51(8): 5105-5115.

[92] PRACZYK T, SZYMAK P. Using genetic algorithms to fix a route for an unmanned surface vehicle[C]//2012 17th International Conference on Methods & Models in Automation & Robotics (MMAR). Miedzyzdroje, Poland. IEEE, 2012: 487-492.

[93] LEBBAD A, NATARAJ C. A Bayesian algorithm for vision based navigation of autonomous surface vehicles[C]//2015 IEEE 7th International Conference on Cybernetics and Intelligent Systems (CIS) and IEEE Conference on Robotics, Automation and Mechatronics (RAM). Siem Reap, Cambodia. IEEE, 2015: 59-64.

[94] SCOTT G P, HENSHAW C G, WALKER I D, et al. Autonomous robotic refueling of an unmanned surface vehicle in varying sea states[C]//2015 IEEE/RSJ International Conference on Intelligent Robots and Systems (IROS). Hamburg, Germany. IEEE, 2015: 1664-1671.

[95] SINGH Y, SHARMA S, SUTTON R, et al. Feasibility study of a constrained Dijkstra approach for optimal path planning of an unmanned surface vehicle in a dynamic maritime environment[C]//2018 IEEE International Conference on Autonomous Robot Systems and Competitions (ICARSC). Torres Vedras, Portugal. IEEE, 2018: 117-122.

[96] WANG D, ZHANG J, JIN J C, et al. Local collision avoidance algorithm for a unmanned surface vehicle based on steering maneuver considering COLREGs[J]. IEEE Access, 2021, 9: 49233-49248.

[97] XIE J J, ZHOU R, LIU Y A, et al. Reinforcement-learning-based asynchronous formation control scheme for multiple unmanned surface vehicles[J]. Applied Sciences, 2021,

11（2）：546.

［98］ 刘宪伟，郝振钧，关长辉. 无人船散装货物安全运输的困境与路径［J］. 企业科技与发展，2020（12）：214-215.

［99］ SUN X J, WANG G F, FAN Y S, et al. An automatic navigation system for unmanned surface vehicles in realistic sea environments［J］. Applied Sciences, 2018, 8（2）：193.

［100］ 吕扬民，陆康丽，王梓. 水质监测无人船路径规划方法研究［J］. 智能计算机与应用，2019，9（1）：14-18.

［101］ LIU Y C, SONG R, BUCKNALL R, et al. Intelligent multi-task allocation and planning for multiple unmanned surface vehicles（USVs）using self-organising maps and fast marching method［J］. Information Sciences, 2019, 496：180-197.

［102］ GUO H, MAO Z Y, DING W J, et al. Optimal search path planning for unmanned surface vehicle based on an improved genetic algorithm［J］. Computers & Electrical Engineering, 2019, 79：106467.

［103］ FAN J J, LI Y, LIAO Y L, et al. A formation reconfiguration method for multiple unmanned surface vehicles executing target interception missions［J］. Applied Ocean Research, 2020, 104：102359.

［104］ 孙洪民，彭辉，张忠坚. 基于物联网技术的无人船水质检测系统开发［J］. 舰船科学技术，2021，43（4）：196-198.

［105］ PU H Y, LIU Y A, LUO J, et al. Development of an unmanned surface vehicle for the emergency response mission of the "Sanchi" oil tanker collision and explosion accident［J］. Applied Sciences, 2020, 10（8）：2704.

［106］ 郭红艳. 船舶交通流大数据在无人船航线智能规划中的应用［J］. 舰船科学技术，2021，43（4）：31-33.

［107］ MUHOVIC J, MANDELJC R, BOVCON B, et al. Obstacle tracking for unmanned surface vessels using 3-D point cloud［J］. IEEE Journal of Oceanic Engineering, 2020, 45（3）：786-798.

［108］ SANJOU M, SHIGETA A, KATO K, et al. Portable unmanned surface vehicle that automatically measures flow velocity and direction in rivers［J］. Flow Measurement and Instrumentation, 2021, 80：101964.

［109］ GHANI M H, HOLE L R, FER I, et al. The SailBuoy remotely-controlled unmanned vessel：Measurements of near surface temperature, salinity and oxygen concentration in the Northern Gulf of Mexico［J］. Methods in Oceanography, 2014, 10：104-121.

［110］ KRETSCHMANN L, BURMEISTER H C, JAHN C. Analyzing the economic benefit of unmanned autonomous ships：An exploratory cost-comparison between an autonomous and a conventional bulk carrier［J］. Research in Transportation Business & Management, 2017, 25：76-86.

［111］ RAIMONDI F M, TRAPANESE M, FRANZITTA V, et al. Identification of the inertial model for innovative semi-immergible USV（SI-USV）drone for marine and lakes operations[C]//OCEANS 2015 – MTS/IEEE Washington. Washington, DC, USA. IEEE, 2016: 1-11.

[112] ZHANG J L, DAI M H, SU Z. Task allocation with unmanned surface vehicles in smart Ocean IoT[J]. IEEE Internet of Things Journal, 2020, 7(10): 9702-9713.

[113] WILDE G A, MURPHY R R. User interface for unmanned surface vehicles used to rescue drowning victims[C]//2018 IEEE International Symposium on Safety, Security, and Rescue Robotics (SSRR). Philadelphia, PA, USA. IEEE, 2018: 1-8.

[114] JO W, PARK J H, HOASHI Y, et al. Development of an unmanned surface vehicle for harmful algae removal[C]//OCEANS 2019 MTS/IEEE SEATTLE. Seattle, WA, USA. IEEE, 2020: 1-7.

[115] MADEO D, POZZEBON A, MOCENNI C, et al. A low-cost unmanned surface vehicle for pervasive water quality monitoring[J]. IEEE Transactions on Instrumentation and Measurement, 2020, 69(4): 1433-1444.

[116] PEREDA F J, DE MARINA H G, JIMÉNEZ J F, et al. Sea demining with autonomous marine surface vehicles[C]//2010 IEEE Safety Security and Rescue Robotics. Bremen, Germany. IEEE, 2011: 1-6.

[117] JOSE C, DHIVVYA J P, DAS D K. Autonomous navigation and collision avoidance surface watercraft for flood relief operations[C]//2019 IEEE Global Humanitarian Technology Conference (GHTC). Seattle, WA, USA. IEEE, 2020: 1-8.

[118] WANG J H, REN F X, LI Z Y, et al. Unmanned surface vessel for monitoring and recovering of spilled oil on water[C]//OCEANS 2016 – Shanghai. Shanghai, China. IEEE, 2016: 1-4.

[119] WU Y Y, QIN H C, LIU T, et al. A 3D object detection based on multi-modality sensors of USV[J]. Applied Sciences, 2019, 9(3): 535.

[120] 藤井隆雄. 控制理论[M]. 卢伯英, 译. 北京: 科学出版社, 2003.

[121] MCCUE L. Handbook of marine craft hydrodynamics and motion control[J]. IEEE Control Systems Magazine, 2016, 36(1): 78-79.

[122] LIU Y H, WANG H L, FAN J X, et al. Control-oriented UAV highly feasible trajectory planning: A deep learning method[J]. Aerospace Science and Technology, 2021, 110: 106435.

[123] CLERC M, KENNEDY J. The particle swarm-explosion, stability, and convergence in a multidimensional complex space[J]. IEEE Transactions on Evolutionary Computation, 2002, 6(1): 58-73.

[124] LIANG J J, QIN A K, SUGANTHAN P N, et al. Comprehensive learning particle swarm optimizer for global optimization of multimodal functions[J]. IEEE Transactions on Evolutionary Computation, 2006, 10(3): 281-295.

[125] ZHAN Z H, ZHANG J, LI Y, et al. Orthogonal learning particle swarm optimization [J]. IEEE Transactions on Evolutionary Computation, 2011, 15(6): 832-847.

［126］ KOHLER M, VELLASCO M M B R, TANSCHEIT R. PSO+：A new particle swarm optimization algorithm for constrained problems［J］. Applied Soft Computing, 2019, 85：105865.

［127］ AHMED G, SHELTAMI T, MAHMOUD A, et al. IoD swarms collision avoidance via improved particle swarm optimization［J］. Transportation Research Part A：Policy and Practice, 2020, 142：260-278.

［128］ ZHANG X W, LIU H, TU L P. A modified particle swarm optimization for multimodal multi-objective optimization［J］. Engineering Applications of Artificial Intelligence, 2020, 95：103905.

［129］ DING H J, GU X S. Hybrid of human learning optimization algorithm and particle swarm optimization algorithm with scheduling strategies for the flexible job-shop scheduling problem［J］. Neurocomputing, 2020, 414：313-332.

［130］ SUN J, WU X J, PALADE V, et al. Convergence analysis and improvements of quantum-behaved particle swarm optimization［J］. Information Sciences, 2012, 193：81-103.

［131］ 林星, 冯斌, 孙俊. 混沌量子粒子群优化算法［J］. 计算机工程与设计, 2008, 29 (10)：2610-2612.

［132］ LI Y Y, BAI X Y, JIAO L C, et al. Partitioned-cooperative quantum-behaved particle swarm optimization based on multilevel thresholding applied to medical image segmentation［J］. Applied Soft Computing, 2017, 56：345-356.

［133］ LIU F, ZHOU Z G. An improved QPSO algorithm and its application in the high-dimensional complex problems［J］. Chemometrics and Intelligent Laboratory Systems, 2014, 132：82-90.

［134］ FU Y G, DING M Y, ZHOU C P, et al. Route planning for unmanned aerial vehicle (UAV) on the sea using hybrid differential evolution and quantum-behaved particle swarm optimization［J］. IEEE Transactions on Systems, Man, and Cybernetics：Systems, 2013, 43(6)：1451-1465.

［135］ 郭兴海, 计明军, 张卫丹, 等. 可变洋流环境中自主水下航行器动态路径规划的改进 QPSO 算法［J/OL］. 系统工程理论与实践, 2020：1-14. (2020-04-09). https：//kns. cnki. net/kcms/detail/11. 2267. N. 20200408. 2032. 002. html.

［136］ LI Y Y, JIAO L C, SHANG R H, et al. Dynamic-context cooperative quantum-behaved particle swarm optimization based on multilevel thresholding applied to medical image segmentation［J］. Information Sciences, 2015, 294：408-422.

［137］ SONG B Y, WANG Z D, ZOU L. An improved PSO algorithm for smooth path planning of mobile robots using continuous high-degree Bezier curve［J］. Applied Soft Computing, 2021, 100：106960.

［138］ JIA T, XU H H, YAN H T. Distributed multi-agent task planning for heterogeneous UAV clusters［J］. Transactions of Nanjing University of Aeronautics and Astronautics, 2020, 37(04)：528-538.

[139] 韩京清. 一类不确定对象的扩张状态观测器[J]. 控制与决策, 1995, 10(1): 85-88.

[140] HUANG C, FEI J Y. UAV path planning based on particle swarm optimization with global best path competition[J]. International Journal of Pattern Recognition and Artificial Intelligence, 2018, 32(6): 1859008.

[141] YANG P, TANG K, LOZANO J A, et al. Path planning for single unmanned aerial vehicle by separately evolving waypoints[J]. IEEE Transactions on Robotics, 2015, 31 (5): 1130-1146.

[142] ALVAREZ A, CAITI A, ONKEN R. Evolutionary path planning for autonomous underwater vehicles in a variable ocean[J]. IEEE Journal of Oceanic Engineering, 2004, 29 (2): 418-429.

[143] DUGARDIN F, YALAOUI F, AMODEO L. New multi-objective method to solve reentrant hybrid flow shop scheduling problem[J]. European Journal of Operational Research, 2010, 203(1): 22-31.

[144] MA Y, HU M Q, YAN X P. Multi-objective path planning for unmanned surface vehicle with currents effects[J]. ISA Transactions, 2018, 75: 137-156.

[145] SHEIKHOLESLAMI F, NAVIMIPOUR N J. Service allocation in the cloud environments using multi-objective particle swarm optimization algorithm based on crowding distance[J]. Swarm and Evolutionary Computation, 2017, 35: 53-64.

[146] SANCAKTAR I, TUNA B, ULUTAS M. Inverse kinematics application on medical robot using adapted PSO method[J]. Engineering Science and Technology, an International Journal, 2018, 21(5): 1006-1010.

[147] LOPES H, KAMPEN E, CHU Q. Attitude determination of highly dynamic fixed-wing UAVs with GPS/MEMS-AHRS integration[C]//Proceedings of the AIAA Guidance, Navigation, and Control Conference. Minneapolis, Minnesota. Reston, Viriginia: AIAA, 2012: AIAA2012-4460.

[148] DEB K, JAIN H. An evolutionary many-objective optimization algorithm using reference-point-based nondominated sorting approach, part I: Solving problems with box constraints[J]. IEEE Transactions on Evolutionary Computation, 2014, 18(4): 577-601.

[149] COELLO C, ING D, LECHUGA M S. MOPSO: A Proposal for Multiple Objective Particle Swarm[M]. America: MIT Press Ltd, 2003.

[150] DENIS J. In Computer Aided Chemical Engineering [M]. [S. l.]: ISTE Press Ltd, 2015.

[151] KIRK D E. Optimal Control Theory: An Introduction, Courier Corporation[M]. Oxford: Oxford University Press, 2012.

[152] MITCHELL M. An Introduction to Genetic Algorithms[M]. Cambridge, Mass.: MIT Press, 1996.

[153] LI X D. Niching without niching parameters: Particle swarm optimization using a ring to-

pology[J]. IEEE Transactions on Evolutionary Computation, 2010, 14(1): 150-169.

[154] LU H M, YEN G G. Rank-density-based multiobjective genetic algorithm and bench-
mark test function study[J]. IEEE Transactions on Evolutionary Computation, 2003, 7
(4): 325-343.

[155] KHESHTI M, DING L, MA S C, et al. Double weighted particle swarm optimization to
non-convex wind penetrated emission/economic dispatch and multiple fuel option sys-
tems[J]. Renewable Energy, 2018, 125: 1021-1037.

[156] BAMFORD M, JOHN S, SHARMA T, et al. Nursing best practice guideline: Integra-
ting tobacco and nicotine interventions into daily practice[J]. Applied Mathematics &
Computation, 2011, 218(7): 3763-3775.

[157] TRIPATHI P K, BANDYOPADHYAY S, PAL S K. Multi-Objective Particle Swarm
Optimization with time variant inertia and acceleration coefficients[J]. Information Sci-
ences, 2007, 177(22): 5033-5049.

[158] PATIL M V, KULKARNI A J. Pareto dominance based multiobjective cohort intelli-
gence algorithm[J]. Information Sciences, 2020, 538: 69-118.

[159] VELLIANGIRI S, KARTHIKEYAN P, ARUL XAVIER V M, et al. Hybrid electro
search with genetic algorithm for task scheduling in cloud computing[J]. Ain Shams En-
gineering Journal, 2021, 12(1): 631-639.

[160] KHELIFA B, LAOUAR M R. A holonic intelligent decision support system for urban
project planning by ant colony optimization algorithm [J]. Applied Soft Computing,
2020, 96: 106621.

[161] WEI X H, LIU N, DONG T, et al. A preliminary assessment of an innovative air-
launched wave measurement buoy[J]. Applied Ocean Research, 2021, 106: 102458.

[162] WANG Y A, LI K, HAN Y, et al. Tracking a dynamic invading target by UAV in oil-
field inspection via an improved bat algorithm [J]. Applied Soft Computing, 2020,
90: 106150.

[163] ZHENG H R, NEGENBORN R R, LODEWIJKS G. Cooperative distributed collision a-
voidance based on ADMM for waterborne AGVs[C]//International Conference on Com-
putational Logistics. Cham: Springer, 2015: 181-194.

[164] 范展, 梁国龙, 林旺生, 等. 求解 TSP 问题的自适应邻域搜索法及其扩展[J]. 计算
机工程与应用, 2008, 44(12): 71-74.